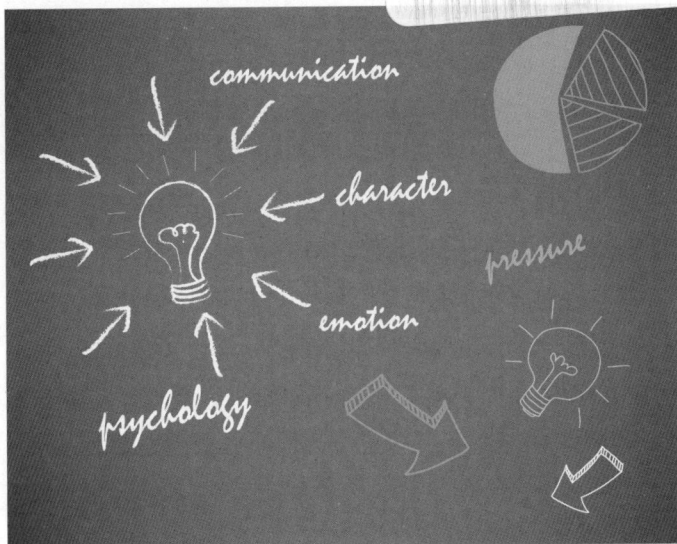

高等教育公共基础课系列教材

大学生心理健康教育

（修订版）

DAXUESHENG
XINLI JIANKANG
JIAOYU

秦小刚 / 主　编

赵振义　赵毅冉　郭循用 / 副主编

北京师范大学出版集团
BEIJING NORMAL UNIVERSITY PUBLISHING GROUP
北京师范大学出版社

图书在版编目(CIP)数据

大学生心理健康教育 /秦小刚主编. —北京：北京师范大学出版社，2015.2(2023.12 重印)
ISBN 978-7-303-18461-3

Ⅰ. ①大… Ⅱ. ①秦… Ⅲ. ①大学生－心理健康－健康教育－高等学校—教材 Ⅳ. ①B844.2

中国版本图书馆 CIP 数据核字(2015)第 024358 号

教 材 意 见 反 馈　gaozhifk@bnupg.com　010-58805079
营 销 中 心 电 话　010-58802755　58800035
编 辑 部 电 话　010-58806368

出版发行：北京师范大学出版社　www.bnupg.com
　　　　　北京市西城区新街口外大街 12-3 号
　　　　　邮政编码：100088
印　　刷：唐山玺诚印务有限公司
经　　销：全国新华书店
开　　本：787 mm×1092 mm　1/16
印　　张：14
字　　数：277 千字
版　　次：2015 年 2 月第 1 版
印　　次：2023 年 12 月第 18 次印刷
定　　价：35.00 元

策划编辑：周光明　　　　责任编辑：何　琳
美术编辑：高　霞　　　　装帧设计：李尘工作室
责任校对：李　菡　　　　责任印制：马　洁

前　言

　　重视大学生的心理健康，提高大学生的心理品质，促进大学生的健康成长，逐渐成为教育管理部门和各高校的共识。本书的编写以党的二十大及习近平新时代中国特色社会主义思想及党的二十大精神为指导，根据教育部《普通高等学校心理健康教育课程教学基本要求》，围绕培养高素质人才这一主题，并结合近年来大学生心理健康教育教学的实际情况，汲取高等院校教学改革的经验，引入项目化教学，以任务（案例、心理剧、团体辅导）为驱动，从知识、能力、素质等三个层面，增进大学生的心理健康意识，提高大学生探索自我和发展自我的能力，增强大学生的心理耐受力、社会适应能力、心理调适等能力，普及心理健康知识。

　　本书的编写力求做到既有必要的理论阐述，也有案例导入；既有知识的学习，也有心理训练的拓展。理论阐述循序渐进、深入浅出；案例的引入新颖、典型，与知识点的衔接自然。不仅要让学生了解心理学的有关理论和基本概念，明确心理健康的标准、意义，了解大学阶段个体心理发展特征及异常表现，掌握自我调适的基本知识；更要让学生树立积极的心态，能够客观评价自己的身心状况、行为能力，能够正确认知自我、接纳自我；在遇到心理问题时，能够进行自我调适或寻求帮助，积极探索适合自己并适应社会的生活状态。

　　本书由郑州科技学院秦小刚组织编写，并负责拟订全书的内容架构和体例要求以及统稿、审校等工作。其中第一、第二章、第三章由秦小刚执笔；第四、第五、第八章由郑州成功财经学院赵振义执笔；第六、第七、第九、第十章由郑州成功财经学院赵毅冉执笔；郭循用参与全书修订与插图核验工作。在此，感谢各位参与者的辛勤工作，大家在百忙之中同心协力，使得这部书稿可以在有限的时间内顺利完成。在本书编写的过程中，我们参阅了不少相关著作和教材、论文、杂志，在此，一并表示衷心的感谢。

本书适用于普通高等院校心理健康教育课程教学，亦可作为社会人士的参考读物。

　　由于编者水平所限，且时间紧、任务重，难免有不足之处，希望广大读者和同行批评指正，以利及时修订和完善。

编者

目 录

第一章 漫步心空
——心理健康与个人成长

学习目标

※ **能力目标**
- 树立正确的心理健康观念
- 掌握调适心理问题的方法

※ **知识目标**
- 认识心理健康的意义
- 了解大学生的心理健康标准

※ **素质目标**
- 正确看待心理问题与心理疾病
- 以健康的心态面对生活

引言

    近年来，大学生的心理健康问题呈逐年上升的趋势，极端个案时有发生。大学生的心理健康问题已经成为影响大学生全面发展的重要因素之一。与此同时，大学生对心理健康教育也存在诸多问题，如忽视心理健康的重要性，对心理健康的理解片面、缺乏维护心理健康的意识等。那么，如何树立科学的心理健康观念？如何鉴别大学生的心理状态是正常还是异常？如何调适自己的心理健康状态？本章将帮助你认识心理健康的意义和内涵，掌握调适心理状态的方法，树立科学的心理健康观。

案例分析

2014年2月18日，上海市第二中级人民法院对"复旦投毒案"依法公开一审宣判，被告人林某犯故意杀人罪被判死刑，剥夺政治权利终身。2013年4月，复旦大学2010级硕士研究生黄某因遭舍友林某投毒死亡。

林某被捕后，人们分析其在微博和论坛等留下的网络足迹，发现他给自己在学业和生活中不断加压，又不断寻找排解压力的出口。他似乎陷入了与自己性格中充满挫败感、无力感和疏离感的那一半抗争。林某也意识到自己的心态问题。他坦承，和心理不健康的人交往很痛苦，"我本身也是这种人，也使很多人感觉不舒服过"。在林某的世界中，自卑、挫败、闷骚，被他严格限定在网络生活中，他为自己塑造了沉默、敏感的外壳，搭配上优异的成绩，现实中与他相识的人，很少意识到他内心的虚弱。

案例分析：一个优秀的青年知识分子，因为心理发展过程中出现了自卑感、不被重视感以及交际失落感，没有得到及时的疏通、疏导，科学处理，导致这些负面情绪在内心越积越多，让自我心理发展机制形成了封闭保守、保护过度和冷漠狭隘的人际规则，超过了心理临界点，最终酿成了生命的悲剧。在批评林某心理灰暗的同时，也为他感到不幸，从这个意义上说，他也是心理发展不足的"教育牺牲品"。

心灵引导

只要朝着阳光，便不会看见阴影。

——海伦·凯勒

海伦·凯勒，19世纪美国盲聋女作家、教育家、慈善家和社会活动家，以顽强毅力激励无数人成长，著有《假如给我三天光明》《我的生活》等。

第一节　心理健康与个人成长的关系

从"复旦投毒案"到近年来大学校园内恶性心理事件的频繁发生，大学生的心理健康问题越来越引起人们的关注。众所周知，大学生肩负着历史和人民赋予的使命，是我国未来的高级人才，是社会主义现代化建设事业的建设者和接班人。健康的心理是大学生成才的基本素质，是大学生正常学习、生活和工作的可靠保障。心理健康与否不仅直接影响大学生的进步成长，而且关系着国家和民族的兴衰。

一、认识心理健康

1. 健康新概念

传统观念认为，健康就是一个人身体没毛病。一个人感冒了会去看医生，但一个人心情沮丧、抑郁，人际关系紧张、感觉生活无意义，一般是不会去看医生的。随着现代科学技术的进步和医学模式的发展，人们对传统的健康观念提出了质疑。早在 1948 年，世界卫生组织（WHO）就提出，健康是一种生理、心理与社会适应都臻于完满的状态，而不只是没有疾病和摆脱虚弱的状态。1989 年，世界卫生组织重新修订了这个定义，认为健康应包括"躯体健康、心理健康、社会适应良好和道德健康"，这个概念强调了人的生理与心理、自然性与社会性的不可分割，身心平衡、情感理智和谐已是现代人的必备条件。因此，健康是生理健康与心理健康的统一，两者是相互联系，密不可分的。

我国古代有句老话："笑一笑，十年少；愁一愁，白了头"，形象地说明了心理与健康的关系。现代医学研究也发现，在许多疾病的发生、发展和演变过程中，心理因素都扮演了重要的角色，这类疾病称为心身疾病。心身疾病是指那些主要或者完全由心理因素引起，与情绪有关并主要呈现为身心症状的躯体疾病。如肿瘤、心脑血管疾病、糖尿病、消化性溃疡、神经性厌食、甲亢等。人要健康长寿，不仅要有良好的物质生活条件和医疗条件，还受到心理因素和科学文明的生活方式等因素的影响。我们都有这样的经历和体验：当身体不舒服的时候，情绪会低落，烦躁不安，容易发怒，从而导致心理不适；同样，那些长期心理抑郁、精神负担重、焦虑的人易产生不适；面临重要考试而紧张焦虑时，则会食而无味，甚至失眠、头痛，容易疲劳。临床心理研究表明，情绪主宰健康。强烈或持久的消极情绪，如烦恼、忧愁、焦虑、失望等，会最终导致生理疾病。因此，健全的心理寓于健康的身体，而健康的身体有赖于健全的心理。

2. 心理健康的含义和标准

虽然人们会经常评估自己的能力、性格、自信心等，但很难真实地了解和评估自己的心理健康状况。因为心理健康很难像生理健康那样可以用体温、血压、血常规等数据加以量化。心理健康首先是没有心理疾病；其次，应该具有积极发展的心理状态。从广义上讲，心理健康是指一种持续、高效、满意的状态，在这种状态下，人能做出良好的反应，具有生命的活力，而且能充分发挥其身心潜能。从狭义上讲，心理健康是指人的基本心理活动的过程内容完整、协调一致，即认识、情感、意志、行为、人格完整和协调，能适应社会，与社会保持同步。

关于心理健康的标准，国内外学者一般认同心理健康标准的复杂性，既有文化差异，也有个体差异，因此，目前还没有一个公认的标准。一般而言，判断个体心理健康与否，主要依据以下四个标准。

第一，经验标准。指人们按照自己的经验来判断自己和他人的心理健康状况。比如，一个人面对亲人的伤亡或痛苦无动于衷，没有悲哀，也没有任何相应的情绪反应。或者相反，当哭而笑，当悲而喜，尽管他本人并没有任何不舒适的感觉，也不认为自己有什么不正常，但是根据经验，人们还是会认为这个人不正常。

第二，社会适应标准。指以人的心理和行为是否严重违背社会公认的道德规范和行为准则为判断标准。比如，一个成年人在众人面前赤身裸体、欣喜若狂，其心理和行为与其年龄、身份和社会规范明显不符，不能为社会所理解和接受，对其本人和社会都有害，而其本人却不以为然，完全没有羞耻感，这就是心理异常的表现。

第三，统计学标准。这种标准以正态分布理论为基础，根据个人的心理行为是否偏离某一人群的平均值来区分心理健康与否。人们发现，在普通人群中，对某些方面的心理特征进行测量的统计结果，往往呈现正态分布，即居于中间状态者为大多数，人们把它视为心理的正常范围，而少数居于两端者，被视为心理异常的范围。但这种标准认定的所谓正常或异常是相对的，并非所有的心理健康现象都按正态分布，偏离平均值也不都意味着心理健康有问题。比如在现实生活中，一些最出色的人的行为也很可能与众不同，天才的智力也显著高于平均值。如果根据统计学依据，这些人则被视为异常，因为他们处于正态分布的一个极端上。

第四，主观感受标准。在判定一个人心理是否健康时，个人的主观体验是一个重要的依据，人如果自觉痛苦、抑郁等，则被认为心理不健康。但主观感受也有主观性和片面性。有些严重的精神疾病来访者反而自觉愉快，或坚决否认自己有"病"，而这恰恰是不健康的证据。

需要特别说明的是，心理健康的标准，不同于身体健康，界限并非泾渭分明。心理健康的标准是相对的、变化的、不确定的，有时还是大起大落的。比如，一个人玩扑克正玩得开心，同伴走过来拿走了他的扑克牌，他立刻大哭大叫，你认为他正常吗？也许你会认为他不正常。但如果他是一个四五岁的孩子，你还这样认为吗？再如有一位同学，活泼开朗，易与人相处，可是最近两个星期，他变得极为抑郁，不能集中精力学习，晚上失眠，还时常忍不住哭泣，他是精神不正常了吗？也许你也会这样认为。但是，如果你知道，他两周前得知自己的妈妈因车祸离开了人世，你还会这样认为吗？因此，要判断一个人心理是否健康，判断一种行为是不是心理健康的表现，还需要考虑人具体所处的时代、文化背景以及年龄、情境等多方面因素。

心理词典

心理健康中的"灰色区"概念

精神正常与不正常没有绝对的界限，它们之间是一个连续变化的过程。张小乔、岳晓东等学者提出，如果将精神正常比作白色，精神不正常比作黑色，那么，白色与黑色之间巨大的缓冲区域便是灰色区。大多数人都处在灰色区内。灰色区是非器质性精神痛苦的总和，其中包括心理不平衡、情绪障碍及变态人格。这些问题不同程度地干扰了人们正常生活与情绪状态。

　　灰色区又可进一步划分为浅灰色与深灰色两个区域。处于浅灰色区的人只有心理冲突而无人格变态，突出表现为由诸如失恋、丧亲、工作不顺心、人际关系不和睦等矛盾而带来的心理不平衡与精神压抑。处于深灰色区的人则患有种种异常人格和神经症，如强迫症、恐惧症、癔症、性倒错等症状。浅灰色区和深灰色区之间也无明显界限，后者往往包含了前者。

　　灰色区的存在，说明在人生的发展过程中我们面临心理问题是正常的，不必大惊小怪，应积极加以调整和矫正。

二、心理健康与个人成长的关系

　　专家们指出，21世纪的人才最应该具备的素质就是健康的心理素质。当代大学生面临的社会环境复杂多变，承受着巨大的压力，健康的心理更是起着莫大的作用。

1. 心理健康是大学生顺利完成学业的基本保障

　　大学生的学习虽然主要靠智力活动来完成，但还是有赖于大脑的机能。长时间的学习，会给人带来疲劳和紧张。健康的心理，不仅可以使人在学习过程中保持高度的注意力，还能在紧张和疲惫时进行有效的调节，更能帮助大学生培养学习兴趣，发掘自身潜能，提高学习效率。如果心理长期不健康，致使大脑机能发生紊乱，脑功能不能正常发挥，势必会影响到智力水平的发挥，从而影响学业的顺利完成。

📖 案例分析

　　小珍是某大学一年级的学生，由于高考发挥失利，进了一所自己并不喜欢的大学，而且被调剂到理工科专业。她中学时理科成绩就不理想，现在更难以理解老师所讲的内容。一上专业课就头疼，虽然眼睛看着黑板，心却飞到了教室外面。眼看期末考试就要来了，一看书本却又觉得心烦，小珍很着急，怕自己通不过，也怕父母责怪。经常茶饭不思，手心冒汗，晚上常常失眠或整夜做噩梦。在这种情况下，小珍求助于学校的心理咨询老师。

　　讨论

　　1. 小珍面临的主要问题是什么？

　　2. 这些问题该如何解决？

2. 心理健康是大学生自我发展和完善的重要条件

　　大学生处在人生发展的关键阶段，面临不断发展和完善自己的考验和挑战，比如，日渐增强的自我意识与社会评价所产生的内心冲突、想独立但却不得不依赖父母的冲突；丰富的情感与寂寞枯燥的学习生活之间的冲突、明显的性意识与社会道德规范间的冲突等。大学生在处理这些矛盾冲突时，往往会遇到挫折和障碍，产生忧虑和烦恼，造成心理紧张乃至失调，如学习不适应、精力不集中、人际关系紧张、情绪低落、怨天尤人、患得患失等。健康的心理能帮助大学生正确看待生活中的种种挫折，能管理好自己的情绪；同时，在与他人交往的过程中，学会正视自身的缺点，客观地认识自我；能愉快地接纳他人的观点和意见，并按照社会的道德和法律来约束自己。

3. 心理健康是大学生提高社会适应能力的保证

大学生是国家的栋梁和未来。因此，在大学时期，不仅要学习科学文化知识，还要不断提高适应社会的能力，掌握进入社会以后不断获取知识的本领。然而良好的社会适应能力离不开心理健康的保证。心理健康的大学生具有与人正常交往和合作的能力，能正确地处理好同学之间、师生之间、室友之间、同乡之间等各种人际关系。能与现实保持良好的接触，对周围的事物有比较清醒的认识。有较强的社会责任感，学习刻苦、努力，为将来走上工作岗位，报效国家打基础。

小 故 事

奥斯卡是名校毕业生，聪明能干，他因所在的石油公司破产而失业。在回家的路上，他情绪很坏。在俄克拉荷马城的火车站候车要等好几个小时，他便在站台上把探测仪器架设起来，借以消磨时间。这时，仪器上的读数表明车站下面蕴藏着石油，但情绪懊恼的奥斯卡不相信这一切，他反倒认为：人要是倒霉，连仪器也会失常。一气之下，他踢翻了那台仪器。不久之后，人们发现俄克拉荷马城就浮在石油上，开采石油的前景很好。

点评：奥斯卡有才能、有机会，本来是个幸运儿，但心理耐力差，让消极心理、不良情绪把这一切剥夺殆尽。

有时候，成功与失败只有一步之遥。

一个人的内在和谐便能够与己和谐、与他人和谐、与自然及社会和谐。

第二节　心理问题与心理疾病

一、心理问题的概念

1. 什么是心理问题

当你听到人们说某人有"心理问题"时，你是否会觉得他们说的这个人"脑子有病"或"精神不正常"？如果是的话，说明你不自觉地将"心理问题"和"心理疾病"画等号了。

事实上，心理学上所说的"心理问题"与"心理疾病"并不是一回事，虽然它们都是大脑功能失调的外在表现，但它们还是有区别的。

　　临床上一般认为，人的心理是一个从健康到严重心理疾病的连续体，各种不同的心理症状分处连续体的不同位置，如图1-1所示。按临床标准，心理问题属于正常心理范畴，但处于不健康状态，心理疾病则属于异常心理范畴。一般认为，心理问题是介于心理健康与心理异常之间的状态。它是由现实因素（如学习压力大）所激发，是一种持续时间短，情绪反应能在理智控制之下，不会严重影响社会功能，情绪反应尚未泛化的心理不健康状态。

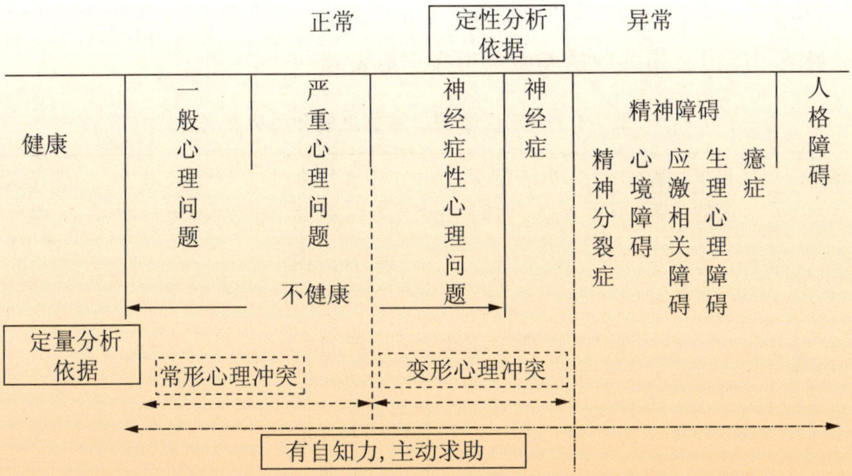

图 1-1　心理症状的分类

　　那我们要怎样更好地区分心理问题与心理疾病呢？可以参照判断心理正常与异常的三原则，即判断"病"与"非病"的三原则，背离三原则中的任何一条均可判断为心理异常。

　　第一，主观世界与客观世界统一性原则。心理是客观世界的反映，正常的心理活动和行为必须在形式和内容上与客观环境保持一致。比如，一群人围坐在一起聊天，其中一人看到窗户外面出现了另外一个人，而其他人都没有看到，我们说，这个人的主观世界和客观世界不统一，他可能出现了幻觉。

　　第二，精神活动的内在协调一致性原则。人的精神活动包括知、情、意等部分，是一个完整的体系，各种心理过程之间具有协调性，如果失去了这一协调性，说明出现了问题。比如一个人遇到痛苦的事，却有快乐的反应；而遇到快乐的事情，却愁眉不展等。

　　第三，个性的相对稳定性原则。人的个性心理特征具有相对的稳定性，如果在没有重大刺激的情况下出现了很大的变化，就说明有问题了。比如，一个人一向乐观开朗、活泼好动，然而一个时期以来逐渐变得郁郁寡欢、沉默少语，甚至绝望轻生；或者相反，一向沉默寡言、喜静不喜动的人，突然一反常态，变得十分活跃，表现欲望十分强烈，夸夸其谈，口若悬河，自我感觉良好，如此等等，都表明这个人的心理和行为发生了异常的变化，形成了病态心理。

2. 心理问题的类型

(1)按问题的严重程度划分

心理问题按严重程度可以分为一般心理问题、严重心理问题和神经症性心理问题。临床上，一般用与现实刺激的关系等五个指标来区分不同严重程度的心理问题，如表1-1所示。其中，"反应对象泛化"指的是个体的不良情绪不但能被最初的刺激引起，而且与最初刺激相类似、相关联的刺激也可以引起此反应。

表 1-1　心理问题按严重程度的分类标准

	与现实刺激的关系	情绪反应持续时间	不良情绪反应强度	反应对象泛化程度	社会功能受损程度
一般心理问题	密切（因果关系）	1～2个月	理智可控制（不太强烈）	未泛化（局限）	效率下降
严重心理问题	相关（较强刺激）	2～6个月	稍过（剧烈）	泛化（类似/关联）	有一定影响
神经症性心理问题	有关（威胁不大）	6～12个月	太过（强烈）	明显泛化	严重受损

(2)按问题出现的情境划分

大学生心理问题可以发生在入学适应、人际交往、恋爱、学习、自我发展等情境，依此也可以将心理问题作以下的划分：入学适应问题、人际交往问题、恋爱与性心理问题、学习问题、与自我有关的心理问题等。出现在不同情境的心理问题有不同的表现，具体详见第三节的阐述。

二、心理疾病的概念

1. 什么是心理疾病

依上所述，心理疾病属于异常心理的范畴，是严重的大脑功能失调，处于"病"的状态。心理疾病一词含义广泛，界限模糊，它包括了一般所说的神经症、人格障碍以及其他精神障碍。

2. 心理疾病的类型

在大学生当中，常见的心理疾病主要有神经症、人格障碍、应激相关障碍、心境障碍和精神分裂症等。

（1）神经症

神经症是一组主要表现为焦虑、抑郁、恐惧、强迫、疑病症状，或神经衰弱症状的精神障碍。神经症病人对存在的症状感到痛苦和无能为力。这类患者一般自知力完整或基本完整，他们对自己的病状有充分的自知，并会主动寻求帮助。对于大学生来说，神经症是一种常见的功能性疾病，其中发病率最高的是焦虑症、强迫症和神经衰弱等。

📖 案例分析

小芳是某高校大一新生，开学不到三个月，她就想退学了。原因是，上课的时候，她总是注意教师和同学的手、脚，无法控制；她越是想强迫自己看黑板，集中精力听老师讲课，越做不到。为了避免造成他人的反感，她上课时不敢抬头，下了课也不敢和同学们在一起，如此孤独窘迫，使她对上大学实在失去了信心，于是想到了退学。

案例分析：强迫症是一组以强迫症状（主要是强迫观念和强迫行为）为主要临床表现的神经症。以有意识的自我强迫与有意识的自我反强迫同时存在为特征，患者明知强迫症状的持续存在毫无意义且不合理，却不能克制其反复出现，越是企图努力抵制，越感到紧张和痛苦。

（2）人格障碍

人格障碍是指人格特征明显偏离正常，形成了一贯的反映个人风格和人际关系的异常行为模式，这种模式明显偏离特定的文化背景和一般的认知方式，造成对社会环境的适应不良。人格障碍者常常很难与周围人相处，通常被认为是"怪人"，但他们对自己的人格特点和不良行为缺少自知之明，因而较少主动求治，而对人格障碍的治疗也很困难。人格障碍通常始于青少年期或成年早期，并持续发展到成年或终生。人格障碍有很多种类型，大学生中较为常见的有偏执型、情感型和分裂型三种。

📖 案例分析

小王是某高校大二学生，性格固执、多疑、情绪不稳定、心胸狭窄，自我评价高，不愿接受不同意见。在日常生活和学习过程中遇到挫折总是责备别的同学，办了错事常把责任推诿给别人。还常常把同学提出的中性的甚至是友好的表示看作敌视或蔑视行为，因此常与人发生摩擦。小王学习成绩和组织能力一般，但却缺乏自知之明，认为是老师和同学不信任他。一周前小王的一本复习资料丢失，认为是同寝室同学联合起来整他，想让他考试不及格，与寝室长及其同学多次发生争吵，并要求辅导员老师调换寝室。辅导员老师多次找他谈话，做思想工作，均无任何效果。

案例分析：案例中的小王表现固执，敏感多疑，过分警觉，心胸狭隘，好嫉妒；自我评价过高，体验到自己过分重要，倾向推诿客观，拒绝接受批评，对挫折和失败过分敏感，如受到质疑则出现争论，诡辩，甚至冲动攻击和好斗，属于偏执型人格障碍。

（3）应激相关障碍

应激相关障碍简称应激障碍，是指由于强烈或持久的应激性因素直接作用而引起的精神障碍。应激事件在我们生活中很多见，如失恋、求职失败、家人去世等，它们是我们正常生活的一部分，大部分人都能在这些应激事件后变得更加坚强，只有少数人会在之后需要专业的干预。

（4）心境障碍

心境障碍是以明显而持久的心境高涨或低落为主的一组精神障碍，并有相应的思维和行为改变，可有精神病性症状，如幻觉、妄想。心境障碍患者的心理背景可能是抑郁，也可能是躁狂，还有可能是抑郁与躁狂两极交替，患者的所有事件都受此影响，持续的时间较长，对人的社会功能造成不同程度的损害。

（5）精神分裂症

精神分裂症是最严重的一种精神障碍，是以基本个性、思维、情感、行为的分裂，精神活动与环境的不协调为主要特征的一类最常见的精神病。典型的症状是出现幻觉、妄想等。精神分裂症好发于青年期。

案例分析

小莹，现年20岁，某高校大二学生。其身材苗条、面容姣好，被同学誉为"校花"，整天被充满爱慕之心的男同学捧着、追着。但最近半年以来，同学们渐渐发现小莹不再像以前那样梳妆打扮，穿着也不再得体，常常是邋邋遢遢的，身上也发出一阵阵浓烈的汗臭味。她因为怀疑周围有人要害她，所以躲在宿舍不敢出门，常常自言自语，无故发笑，学习成绩一落千丈，对朋友和同学的关心、询问不理不睬，对年老多病的父母漠不关心，不论谁问她问题，回答均极为简单。家人怀疑小莹可能有"心理问题"而带到某医科大学附属医院的精神科就诊，经详细的体格检查、实验室检查及精神检查，精神科的专家诊断小莹患有"精神分裂症"。

案例分析：精神分裂症常起病潜隐，发展缓慢，初期有时只表现为"懒散"，随着疾病的加重，会出现行为怪异、情感淡漠、幻觉、妄想等症状，社会功能受到严重损害，精神活动趋向衰退。小莹缓慢发病，应答问题简单，情绪反应平淡，对家人、朋友和自己漠不关心，多疑、行为怪异、学习和人际交往等社会功能受到影响，考虑为精神分裂症。

第三节　大学生常见心理问题及原因

一、大学生常见的心理问题

大学生正处于青年期，其心理发展水平正处在迅速走向成熟而尚未完全成熟的过渡阶段。他们一般还保留着浓厚的少年时期的心理特征，诸如独立性不够，对家长有较大的依赖；对社会的了解有限，过于理想化；对自我的认识不清而难以定位；遇到生活环境的变化、交际圈的更新、学习内容和方式的改变时，往往出现一系列冲突，这些冲突如果得不到及时的调整，则可能引发一些心理问题。大学生中最常见的心理问题来自以下几个方面。

1. 入学适应问题

大学新生入学以后，离开原先所熟悉的环境，来到一个陌生的校园，新的生活环境、生活方式、学习内容、人际交往形式等都与以前中学阶段有很大的不同。在这种情况下，一些大学生会产生强烈的内心冲突，不能从心理上很好地适应，表现出不安、情绪紧张等心理问题。个别独立性差、自理能力缺乏的学生，心理反应更加明显。

📖 案例分析

小丽原本是一个很好强的女孩，高考后她拿到了外地一所大学的录取通知书，尽管要第一次离开家到陌生的地方上大学，小丽还是对即将到来的大学生活充满了憧憬。但进入大学后，她发现自己表现得很不如意。当地的同学大多数都是本地人，他们课下交流的时候常常用本地方言，她基本听不懂，也难以参与进去。平时回到寝室，舍友们原本都说说笑笑的，一见到她来就都不说话了，好像都在避着她一样。周末她们都去市里逛街购物，也没有人叫她。大学的课程也比高中时多，而且还挺难的，每天的功课都让她喘不过气来，最难的是她第一次住校，衣服也不会洗，也不太好意思问同学。小丽觉得自己现在做什么都没有兴趣，心里非常孤独、苦闷，很想回家重新复读，明年考一个好一点的大学，或许会有大的改变。

案例分析：小丽面临的是典型的入学适应问题。缺乏生活自理能力的她，第一次离开家到陌生的环境学习，就面临独立生活的第一个新课题，在适应新的环境、新的人际圈子和学习方式的过程中，出现了一系列的冲突，进而产生了失落、苦闷的情绪。

2. 人际交往问题

比起中学时代，大学的人际交往更为复杂，独立性更强，更具有社会性。大学生需要尝试这种人际交往，并学会建立良好的人际交往能力。然而一些大学生社会适应能力较差，缺乏妥善处理人际关系的基本能力，在人际交往中总感到不适应、不自然，表现出或十分被动或无所适从。有的大学生习惯于以自我为中心，不考虑别人的感受，对生活、学习行为和方式不愿因集体的需要而有所改变；有的在人际交往中表现出功利性过强，总想在群体中获取点利益、得到点好处；有的对他人的一些个性行为"看不惯"，不愿与其交往，如果彼此发生矛盾，很容易引起冲突、引发事端；有的学生整日沉溺于网络虚拟世界，宁愿每天面对电脑，也不想与人打交道，心理和行为越来越孤僻与自我。

知识链接

大学宿舍最令人讨厌的五种行为

1. 用别人的东西不打招呼；2. 不讲个人和公共卫生；

3. 挑拨离间，搬弄是非；4. 深夜影响室友休息；

5. 偷窥室友日记、信件等私人物品。

3. 学习问题

大学的学习与高中时有很大不同，教学内容由少而浅变为多而深，学习方法由监督学习变为自主学习，授课方式由多讲解到少讲解、多讨论，学习任务由考大学到学会知识、掌握技能，面对这种种变化，有些学生一时感到无所适从，方法不当而动力不足，学习目标迷失而不知为何而学成为普遍现象，这种困惑容易产生焦虑和恐惧心理。

对学习造成焦虑和困惑的原因很多。一方面，由于没有掌握大学学习的专业性和自主性的特点，也不了解理论和实践相结合的必要，拥有大量的时间却不知道应该怎样去安排，怎样去提高学习效率，学习显得辛苦且枯燥，所以逐渐丧失了学习兴趣；另一方面，进入大学后没有了学习的方向，不知该学什么，导致目标缺失、意志减退，把大量时间寄托在上网娱乐、睡觉或其他方面；再加上大学生就业形势日益严峻，就业预期压力大，新的"读书无用论""毕业即失业"等说法不绝于耳，许多学生就在迷茫、困惑中挣扎，得过且过。

4. 恋爱和性心理问题

德国著名作家歌德曾说："天下哪个倜傥少男不善钟情？天下哪个妙龄少女不善怀春？"大学生正值青春中后期，处于由异性向往期向恋爱择偶期过渡的阶段。这时的大学生性生理发育成熟，性心理也逐步成熟，想谈恋爱成为大学生中较为普遍的心理状态。大学生活的特殊性，更是将这种渴望转变成了现实。不少学生在大学阶段都有恋爱行为。但由于与异性交往的经验不足以及对爱情的理想化，可能造成与异性感情沟通、交流的障碍。同时，恋爱过程中出现的性行为、性观念、性道德的冲突，一旦处理不好，就会让不少学生产生心理问题。

📖 案例分析

小琼在高三时与班上一男生小高恋爱了，但高考后两人在不同的城市上大学。尽管不在一起，但他们每天都打好几个电话，感情一直很好。在大学的一次同乡聚会中，小琼无意间认识了本校的男生小勇，阳光、健谈的小勇并不知道小琼有男朋友，在小琼的默许下，小勇很快走进了小琼的世界。小琼每天晚上跟小高打完电话就会自然而然地拨通小勇的电话。但是世上没有不透风的墙，后来，小高从同学口中听说了小琼和小勇的事情，偷偷跑到小琼的学校，要求小琼在自己和小勇间做一个选择。一个是曾经陪她一起奋斗对她无微不至关怀的人，一个是现在跟她朝夕相处对她呵护有加的人，小琼不知道自己该怎么办了，在舍友的建议下，前来求助心理老师。

案例分析：爱情具有自私性和专一性，是很难分享的一种情感，小琼在已有男友的情况下，未明确拒绝小勇的追求，最终陷入三角恋的旋涡中难以自拔。大学生在处理恋爱问题时，应该注意加强诚实、专一等恋爱道德的培养。

5. 自我意识问题

进入大学，同学们会认为自己已经长大了，他们注重自我探索，希望了解自己是一个什么样的人、毕业后想做什么、能做什么等，这种思索就是自我意识。在大学，每个同学都希望能尽快掌握一技之长，以适应社会；由于大学生还是以学习间接经验为主，所处的环境还是理想色彩较浓的校园，他们缺乏实践，阅历较浅，现实所具备的能力与他们期待的水平有相当的距离，于是产生了多种冲突。

二、大学生心理问题的成因分析

相关调查与研究显示，大学生心理问题产生的原因主要来自于以下三个方面。

1. 社会大环境的影响

社会大环境是导致大学生产生心理问题的首要原因。当前社会经济制度的变革，给大学生带来了巨大的心理压力。对大学生来说，社会、家庭寄予了他们很高的期望，这种高期望值给他们带来的压力也是巨大的。所有这些都会让他们感到压抑、苦闷、茫然。

2. 不良的家庭、学校环境的影响

我们的家庭教育中仍存在着诸多不利于孩子健康成长的因素。其一，应试教育使得中国家长"望子成龙"或"望女成凤"。家长的期望值过高或过低，对孩子的健康成长都是不利的。其二，家庭的贫困、变故，家庭关系的不和谐与家庭的不完整等因素，都会影响大学生健康心理的形成。大学学习生活的紧张、单调，也易使他们产生压抑感，从而缺乏生活乐趣，而学校在这方面对他们又缺乏有效的指导，因而引发了大学生心理问题的产生。此外，大学里一些不健康的校园文化尤其是网络文化的表面化、庸俗化、虚拟化，也对大学生的心理产生了不利的影响。

3. 个体因素的影响

不良的个性是个体产生心理问题的根本原因。个性在很大程度上决定了个体的心理承受能力，也决定着个体为人处事的方式，即决定了个体的思维与行为的方式。因此，它影响着个体的心理健康。某些大学生不能进行正确的自我评价，也未能合理地进行自我选择，甚至无法正常地与他人交往，因而产生了这样或那样的心理问题。概括而言，引发大学生心理问题的个体因素主要包括遗传、身体健康状况、先天神经系统、人格和心理素质等。

第四节　大学生心理问题的应对

大学生处于最美好的青春年华，有着得天独厚的优越条件，大学生活应该是人生中最绚丽的一章。然而，大学时代也是多事之秋，是各种心理问题和心理疾病的高发期。那么，大学生该如何有效应对和及时排解心理问题呢？

一、进行有效的自我调节

1. 学会建立积极心态

在遇到心理问题时，第一个求助对象永远是自己，因此，自我调节也是应对心理问题的基本方式。在进行自我调节时，最重要的是学会建立积极的心态。喜剧大师卓别林说过："用特写镜头看生活，生活是一个悲剧，但用长焦镜头看生活，生活则是个喜剧。"

诗人汪国真说："心晴的时候，雨也是晴；心雨的时候，晴也是雨。"这就是说：积极的心态会带来积极的结果，保持积极的心态，你就可以控制环境，反之环境将会控制你。

要想拥有一个积极的心态，就要学会积极地思考。人的视觉和思维都是有盲点的，看见消极的一面就看不见积极的一面，我们要像调台的旋钮一样把它调到积极的位置。比如，你不能决定生命的长度，但你可以控制它的宽度；你不能左右天气，但你可以改变心情；你不能改变容貌，但你可以展现笑容；你不能控制他人，但你可以掌握自己；你不能预知明天，但你可以利用今天；你不能样样顺利，但你可以事事尽力。

心理小故事

有位秀才第三次进京赶考，住在一个经常住的店里。考试前两天他做了三个梦，第一个梦是梦到自己在墙上种白菜，第二个梦是下雨天，他戴了斗笠还打伞，第三个梦是梦到跟心爱的恋人脱光衣服躺在一起，但是却背靠背。

这三个梦似乎有些深意，秀才第二天就赶紧去找算命的解梦。算命的听了，一拍大腿说："你还是回家吧。你想想，高墙上种菜不是白费劲吗？戴斗笠打雨伞不是多此一举吗？跟恋人都脱光躺在一张床上了，却背靠背，不是没戏吗？"

秀才一听，心灰意冷，回店收拾包袱准备回家。店老板非常奇怪，问："不是明天才考试吗，今天你怎么就要回乡了？"秀才如此这般说了一番，店老板乐了："哟，我也会解梦的。我倒觉得，你这次一定要留下来。你想想，墙上种菜不是'高中'吗？戴斗笠打伞不是说明你这次有备无患吗？跟你恋人脱光了背靠背躺在床上，不是说明你翻身的时候就要到了吗？"

秀才一听，更有道理，于是精神振奋地参加考试，居然中了个探花。

2. 发展良好的兴趣和爱好

有人说："兴趣是最好的老师。"也有人说："只要是爱好的事，做一天好像才过了一小时，不感兴趣的事，做一个小时像过了一天。"这话一点也不假。爱好，可以帮我们调节紧张情绪，缓解各种压力，增添几多欢乐，甚至可以助我们陶冶性情，脱离低俗，提升修养。

心理小故事

德国音乐家梅亚贝，有一次和妻子吵架，场面有些不可收拾，这时梅亚贝坐到钢琴前，弹起他特别喜爱的乐曲来。他选择弹琴，一则是为了分散自己对坏情绪的注意力，让自己冷静下来；二则也是让快乐的乐曲转化自己的情绪。结果乐曲终了，他的妻子也为优美的乐曲所感染，情不自禁地坐到了他身边，为他轻声伴唱，使得眼前一场异常紧张、硝烟弥漫的"内战"平息下来。

大学校园生活有丰富的资源，比如，各种社团活动和兴趣爱好小组，课余时间去安排学业外的生活内容，这些都为大学生发展各种兴趣爱好提供了充分而便利的条件。在课余时间，你可以走进大自然，或登山觅胜，或临海弄潮；也可以笑傲运动场，在竞技中尽情挥洒汗水；也可以投身书海，在淡泊人生中诗意栖居；还可以寄情音乐，享受天籁之音带来的美好，等等。

3. 调整自己的抱负水平

每个人都在追求一定的目标，否则就会失去前进的动力，这种对自己所要达到目标规定的标准，就是抱负。自我抱负水平是自定的标准，可高可低，仅仅是个人愿望，与个人的实际成就不一定相符合。一般来说，自我抱负水平直接影响个人的学习和生活，一个抱负水平较高的人，往往对自己的要求也较高，因而其学习、工作的效率也就较好；一个抱负水平低的人，对自己的要求也就低，缺乏积极性、主动性，因而其学习、工作的效果也较差。但是，如果一个人的自我抱负水平总是高于自己的实际能力，总是很难达到预期的目标，就很容易遭受挫折。因此，个人的自我抱负水平必须建立在对自己的实际能力正确认知的基础之上。

二、发展良好的人际关系

古往今来，友谊一直是人们津津乐道的话题之一。人们珍惜友谊、热爱友谊是因为人们热切地需要友谊。友谊是人类美好的情感之一，是高尚的道德力量。唐代诗人李白在《扶风豪士歌》中就歌颂了这强大的力量："扶风豪士天下奇，意气相倾山可移。""意气相倾"的友谊力量，足以可以移山填海。18世纪的英格兰诗人罗伯特·布拉亥则把友谊看作"心灵的神秘的结合者""生活的美化者"和"社会的巩固者"。可见真诚的友谊，不仅使人们的生活得到欢乐，而且能增强战胜困难的勇气，获得蓬勃向上的力量。因此，人们由衷地祝福：愿友谊地久天长！

著名的心理学家丁瓒也指出，"人类的心理适应最主要的就是对人际关系的适应。所以，人类的心理病态主要是由人际关系的失调而来。"这句话对大学生来说再贴切不过了。大学生渴望友谊，希望通过人际交往来丰富人生知识、了解生活、交流情感、学会处世、确立自我，从而获得自尊自信和心理安全感。因此，良好的人际关系能使人获得安全感和归属感，得到理解和支持，给人精神上的愉

悦和满足，促进身心健康。

三、寻求心理咨询帮助

通常来说，自我调节只适用于程度并不严重的心理问题，如果心理困扰不能通过自身或与朋友间的倾诉进行调节，那就需要寻求专业的心理咨询的帮助了。心理咨询作为一种新生事物已经逐渐被大众认可和接受，在许多发达国家心理咨询已经成为人们生活中不可缺少的一部分。但在我国，人们对心理咨询缺少科学的认识，甚至还有这样错误的观念，认为是"神经病"才需要心理咨询。事实上，心理咨询是针对健康人群的一种咨询与辅导，它不同于传统意义上的思想政治工作、说教、劝导、指导等，它是一种专业的、正式的、效果更为良好的专业助人方式。

心灵鸡汤

心理咨询与普通聊天的差别

【普通聊天】

来访者："我怕，我不敢上台。"

非专业人员："你放心，你不是早准备好了吗？没事的，你放心。"

来访者："我还是怕。"

非专业人员："你看，其他人都上台了，他们可以做到，你也可以做到的。"

来访者："我知道，我很想站上去，但我的腿却发软了。"

非专业人员："你要等到什么时候？我们会遇到各种各样的困难，难道你就放弃吗？我们就是要通过今天的机会，变得更勇敢、更坚定，去迎接未来新的挑战。"

【心理咨询】

来访者："我怕，我不敢上台。"

心理咨询师："我能理解你的感受，大部分人第一次上台的时候都犹豫过，甚至害怕过。"

来访者："我还是怕，我的腿都发软了。"

心理咨询师："看来你现在还没有准备好，当你准备好的时候，你会上台的。我们一起来等待那个时刻吧。"

来访者："为什么别人都敢上台呢？"

心理咨询师："因为他们等到了那个准备好的时刻，没关系，我们也可以等到的。"

来访者："我现在好多了，我准备上去了，为我加油吧！"

　　高校心理咨询是心理咨询师运用心理学的理论和方法，协助大学生解决成长中遇到的各种心理困扰，使大学生能够认识自我、接纳自我、完善自我、开发潜能、健康发展的过程。心理咨询并不神秘，心理咨询师也不是"算命先生"。心理咨询完全是按照科学的心理学原理和咨询手段进行的。心理咨询的过程就是与心理咨询师聊天的过程，在这个过程中咨询师会促进你表达、启发你思考，协助你成长和领悟，增进你的身心健康。

本章小结

　　★ 健全的心理寓于健康的身体，而健康的身体有赖于健全的心理。

　　★ 心理健康与不健康是一种连续状态，两者之间有一过渡的灰色区域。

　　★ 正常心理与异常心理之间没有绝对的界限，只是程度的差异。

　　★ 大学生可通过自我调节、保持良好人际关系或寻求心理咨询来促进心理健康。

思考题

　　1. 什么是健康和心理健康？如何理解心理健康的标准？

　　2. 作为大学生，在生活中应怎样维护自身的心理健康？

　　3. 如果你发现自己或你的朋友出现了情绪异常，你该怎么办？

【心理自测】

(一)心理适应能力测试

　　指导语：请认真阅读，并判断与你实际情况的符合程度，然后从每个项目后面所附的三个备选答案中选出一个来，并画"√"。

　　1. 我每到一个新环境总要经过很长一段时间才能适应。

　　A. 是　　　　　　　　　　B. 无法肯定　　　　　　　C. 不是

　　2. 每到一个新的地方，我很容易同别人接近。

　　A. 是　　　　　　　　　　B. 无法肯定　　　　　　　C. 不是

　　3. 在陌生人面前，我常无话可说，甚至感到尴尬。

　　A. 是　　　　　　　　　　B. 无法肯定　　　　　　　C. 不是

　　4. 我最喜欢学习新知识或新科学，它给我一种新鲜感，能调动我的积极性。

　　A. 是　　　　　　　　　　B. 无法肯定　　　　　　　C. 不是

5. 每到一个新地方，我第一天总是睡不好，就是在家里，只要换一张床，也会失眠。

A. 是　　　　　　　　B. 无法肯定　　　　　　　C. 不是

6. 不管生活条件有多大变化，我也能很快习惯。

A. 是　　　　　　　　B. 无法肯定　　　　　　　C. 不是

7. 越是人多的地方，我越感到紧张。

A. 是　　　　　　　　B. 无法肯定　　　　　　　C. 不是

8. 我的考试成绩多半不会比平时练习差。

A. 是　　　　　　　　B. 无法肯定　　　　　　　C. 不是

9. 全班同学都看着我时，我的心都快跳出来了。

A. 是　　　　　　　　B. 无法肯定　　　　　　　C. 不是

10. 对他(她)有看法，你能同他(她)交往吗？

A. 是　　　　　　　　B. 无法肯定　　　　　　　C. 不是

11. 我做事情总是有些不自在。

A. 是　　　　　　　　B. 无法肯定　　　　　　　C. 不是

12. 我很少固执己见，常常乐于采纳别人的观点。

A. 是　　　　　　　　B. 无法肯定　　　　　　　C. 不是

13. 同别人争论时，我常常感到语塞，事后才想起该怎么反驳对方，可惜已经太迟了。

A. 是　　　　　　　　B. 无法肯定　　　　　　　C. 不是

14. 我对生活条件要求不高，即使生活条件很艰苦，我也能过得很愉快。

A. 是　　　　　　　　B. 无法肯定　　　　　　　C. 不是

15. 有时自己明明把课文背得滚瓜烂熟，可在课堂上背的时候，还是会出差错。

A. 是　　　　　　　　B. 无法肯定　　　　　　　C. 不是

16. 在决定胜负成败的关键时刻，我虽然很紧张，但总能很快地使自己镇定下来。

A. 是　　　　　　　　B. 无法肯定　　　　　　　C. 不是

17. 我不喜欢的东西，不管怎么学也学不会。

A. 是　　　　　　　　B. 无法肯定　　　　　　　C. 不是

18. 在嘈杂混乱的环境里，我仍然能集中精力学习，并且效率较高。

A. 是　　　　　　　　B. 无法肯定　　　　　　　C. 不是

19. 我不喜欢陌生人来家里做客，每逢这种情况，我就有意回避。

A. 是　　　　　　　　B. 无法肯定　　　　　　　C. 不是

20. 我很喜欢参加社交活动，我觉得这是交朋友的好机会。

A. 是　　　　　　　　B. 无法肯定　　　　　　　C. 不是

计分方法：

1. 凡是奇数号题(1，3，5，7······)，选"是"为－2分，选"无法肯定"得0分，选"不是"得2分。凡是偶数号题(2，4，6，8······)，选"是"为2分，选"无法肯定"得0分，选"不是"得－2分。将各题得分相加，即得总分。

2. 结果分析：

35～40分：心理适应能力很强。能很快地适应新的学习、生活环境，与人交往轻松、大方。给人的印象极好，无论进入什么样的环境，都能应付自如，左右逢源。

29～34分：心理适应能力良好。

17～28分：心理适应能力一般，当进入一个新的环境，经过一段时间的努力，基本上能适应。

6～16分：心理适应能力较差，依赖于较好的学习、生活环境，一旦遇到困难则易怨天尤人，甚至消沉。

5分以下：心理适应能力很差，在各种新环境中，即使经过相当长一段时间的努力，也不一定能适应，常常困惑，因与周围事物格格不入而十分苦恼。在与他人的交往中，总是显得拘谨、羞怯、手足无措。

如果你在这个测试中得分较高，说明你的心理适应能力较强。但是，如果你得分较低，也不必忧心忡忡，因为一个人的心理适应能力是随着年龄的增长、知识经验的丰富而不断增强的。只要你充满信心，把握心理适应的策略，刻苦学习、虚心求教、加强锻炼，你的心理适应能力会大大增强，一定能走出困境，实现更好的发展。

(二)焦虑自评量表(SAS)

请仔细阅读每一条内容，然后根据您最近一周的实际情况，选择符合自己的选项。

1—没有或很少时间；2—小部分时间；3—相当多时间；4—绝大部分或全部时间

1. 我觉得比平时容易紧张和着急。	1	2	3	4
2. 我无缘无故地感到害怕。	1	2	3	4
3. 我容易心里烦乱或觉得惊恐。	1	2	3	4
4. 我觉得我可能将要疯了。	1	2	3	4
5. 我觉得一切都很好，也不会发生什么不幸。	1	2	3	4
6. 我手脚发抖打战。	1	2	3	4
7. 我因为头疼、头颈痛和背痛而苦恼。	1	2	3	4
8. 我感到容易衰弱和疲乏。	1	2	3	4
9. 我觉得心平气和，并且容易安静坐着。	1	2	3	4
10. 我觉得心跳得很快。	1	2	3	4

续表

11. 我因为一阵阵头晕而苦恼。	1	2	3	4
12. 我有晕倒发作或觉得要晕倒似的。	1	2	3	4
13. 我呼气、吸气都感到很容易。	1	2	3	4
14. 我感觉手脚麻木和刺痛。	1	2	3	4
15. 我因为胃痛和消化不良而苦恼。	1	2	3	4
16. 我常常要小便。	1	2	3	4
17. 我的手脚常常是干燥温暖的。	1	2	3	4
18. 我脸红发热。	1	2	3	4
19. 我容易入睡，并且一夜睡得很好。	1	2	3	4
20. 我做噩梦。	1	2	3	4

计分方法：

1. 将 5、9、13、17、19 题反向计分，其余题目正向计分。将 20 题的得分相加得到粗分，粗分乘 1.25 后取整数，得到标准分。标准分越高，表示焦虑症状越严重。

2. 标准分的分界值为 50 分，50 分以下无明显焦虑症状，50～59 分轻度焦虑，60～69 分中度焦虑，69 分以上为重度焦虑。

(三)抑郁自评量表(SDS)

请仔细阅读每一条内容，然后根据您最近一周的实际情况，选择符合自己的选项。
1—没有或很少时间；2—小部分时间；3—相当多时间；4—绝大部分或全部时间

1. 我感到情绪沮丧，郁闷。	1	2	3	4
2. 我感到早晨心情最好。	1	2	3	4
3. 我要哭或想哭。	1	2	3	4
4. 我夜间睡眠不好。	1	2	3	4
5. 我吃饭像平时一样多。	1	2	3	4
6. 我的性功能正常。	1	2	3	4
7. 我感到体重减轻。	1	2	3	4
8. 我为便秘烦恼。	1	2	3	4
9. 我的心跳比平时快。	1	2	3	4
10. 我无故感到疲劳。	1	2	3	4
11. 我的头脑像往常一样清楚。	1	2	3	4
12. 我做事情像平时一样不感到困难。	1	2	3	4

续表

13. 我坐卧不安，难以保持平静。	1	2	3	4
14. 我对未来感到有希望。	1	2	3	4
15. 我比平时更容易激怒。	1	2	3	4
16. 我觉得决定什么事很容易。	1	2	3	4
17. 我感到自己是有用的和不可缺少的人。	1	2	3	4
18. 我的生活很有意义。	1	2	3	4
19. 假若我死了别人会过得更好。	1	2	3	4
20. 我仍旧喜爱自己平时喜爱的东西。	1	2	3	4

计分方法：

1. 将第 2、5、6、11、12、14、16、17、18、20 题反向计分，其他题目正向计分。将 20 题的得分相加得到粗分，粗分乘 1.25 后取整数，得到标准分。标准分越高，表示抑郁症状越严重。

2. 标准分的分界值为 53 分，53 分以下无明显抑郁症状，53～62 分轻度抑郁，63～72 分中度抑郁，72 分以上为重度抑郁。

【课后导读】

[1] 耿兴永. 别拿心理健康不当回事儿[M]. 北京：东方出版社，2008 年 7 月版.

[2] [美]丹尼尔·亚蒙著，谭洁清译. 幸福人生，从善待大脑开始[M]. 北京：中国人民大学出版社，2012 年 1 月版.

[3] 毕淑敏. 愿你与这世界温暖相拥[M]. 南京：江苏文艺出版社，2013 年 7 月版.

[4] [美]本·沙哈尔著，汪冰，刘骏杰译. 幸福的方法[M]. 北京：中信出版社，2013 年 1 月版.

第二章　学无止境
——学习心理与学习策略

学习目标

※　能力目标
- ·掌握常见的学习心理困扰的调适方法
- ·掌握科学的学习方法

※　知识目标
- ·了解学习的内涵及大学生的学习特点
- ·了解大学生学习心理困扰产生的原因

※　素质目标
- ·热爱学习、学会学习、享受学习

引　言

　　大学阶段是人生学习的黄金阶段，具备良好的学习心理，对人的终身发展都具有重要的意义。与中学阶段不同，大学学习有着很强的目的性、自主性和选择性。另外，大学的学习环境、教学方法和教学内容与中学也有许多不同。这些差异往往使部分大学生容易产生学习困难，出现不同程度的心理困扰和心理障碍。有关调查显示，当前大学生普遍感到学习压力大，有9.6％的学生表示有厌学心理，大约有15％的大学生对考试存在着不同程度的焦虑，特别是学习基础比较差、性格比较内向、学习方法不够灵活的大学生最容易产生考试焦虑症状，有的大学生还伴有失眠和神经衰弱等症状。这些心理问题会严重影响他们正常的学习和生活，不利于他们的健康成长和全面发展。那么，这些学习心理问题产生的具体原因是什么？有哪些措施可以帮助和引导大学生疏导学习心理困惑？本章将一一解答这些疑问。

案例分析

小王同学来自经济比较困难的家庭。中学时期的小王学习刻苦，成绩一直很好，但是在高考中，由于过于紧张，导致发挥失常，小王只好到一所一般院校就读。上大学后，面对新的学习环境和枯燥的专业课程，小王常感到茫然，学习没有动力，也失去了奋斗的目标，因此在学习上得过且过。渐渐地，小王迷上了网络，常常上网至深夜，导致白天上课提不起精神。有时候想到辍学在家的妹妹和年迈的父母，又恨自己不争气，但是却不知道该怎么做。

案例分析：小王表现出的对所学专业无兴趣、学习没有目标、没有动力是大学生学习中面临的常见的学习动机不足的问题。大学的学习与中学时期有很大不同，首先需要正确认识学习的价值与大学学习的目标，重新规划学业与人生；其次要调整心态，以积极的心态对待学习上的挫折，用自身的意志战胜懒惰；最后要改进学习方法，提高学习效率和学业自我效能感。

心灵引导

学习这件事不在于有没有人教你，最重要的是在于你自己有没有觉悟和恒心。

——亨利·法布尔

亨利·法布尔，法国博物学家、昆虫学家和科普作家，以《昆虫记》一书留名后世，为现代昆虫学与动物行为学的先驱，被誉为"昆虫诗人"。

第一节　大学生学习心理概述

一、什么是学习

1. 学习的内涵

心理学认为：学习是由经验所引起的行为或思维的比较持久的变化。它是一种自觉的、有目的的、有意识的认识活动，是经过大脑的思维活动而自觉、积极、主动地掌握知识、技能和经验的过程。理解学习的内涵要把握三个要点：

第一，个体身上必须产生某种变化，我们才能做出学习已经发生的推论。也就是说，仅有练习不一定产生学习。例如，我们从不会骑自行车到学会骑自行车，这里有学习，以后重复骑自行车的活动就没有学习了。

第二，这种变化是能相对持久保持的。例如，由疲劳、创伤、药物、适应等所引起的行为变化都比较短暂，不能称之为学习。

第三，个体的变化是由他与环境的相互作用而产生的，即后天习得的，排除由成熟或先天反应倾向所导致的变化。

2. 学习的重要性

学习是动物和人与环境保持平衡、维持生存和发展所必需的条件，也是适应环境的手段。动物和人为了生存，除了依靠先天遗传的种群本能以外，还必须通过学习获得个体经验。越高等的动物，生活的方式越复杂，本能行为的作用也越小，学习的重要性就越大。比如，一只小羊刚出生不久，其一生中的大部分动作就已出现了，后天所需要的大多数反应也已具备。它们学习的能力很低，保持经验的时间也很短，因而学习的结果对它们生活的作用是很小的。

人是最高等的动物，生活方式极为复杂，固定不变的本能行为最少。人类行为的绝大部分是后天习得的，学习的能力以及学习在人类个体生活中的作用也必然是最大的。人类婴儿与初生的动物相比，相对来说，独立能力低，天生的适应能力也低。可以说，离开父母的养育，婴儿是无法生存下去的。但是人类却有动物不可比拟的学习能力，可以迅速而广泛地通过学习适应环境。比如，种植谷物，获取粮食，靠的是学习；战胜毒蛇猛兽等天敌，对付可怕的瘟疫，以免于被消灭，靠的也是学习。总体来看，人和自然界的其他动物如狮子、老虎甚至麻雀相比，很多方面都处于劣势，人能够成为万物之灵，靠的是学习。国外有句名言，叫作"不学习就灭亡"。1972年联合国教科文组织国际教育发展委员会发表著名的研究报告，题为《学会生存》，就把学习同生存直接联系在一起，可见学习对人类的重要性。

二、大学生学习的特点

进入大学后，大学生需要面临与中学时代完全不同的学习内容、学习时间和学习方式，他们的学习具有一些特殊性，具体表现如下。

1. 职业定向性强，实践能力要求高

大学生是高等院校培养的从事生产、建设、管理、服务的高级人才。因此，大学生的学习实际上是一种针对性很强的专业学习，除了要掌握较为系统的专业理论知识外，还要求他们掌握一定的实践技能。因此，大学生必须参加一系列的实践和实训，

实践技能的学习成了学习的重中之重。这就要求大学生在学习的过程中要自觉运用所学知识进行实践与探索，勤动手、勤动脑，做到实践与学习相结合、知识和经验相统一，为将来走上工作岗位打下坚实基础。

2. 学习基础差，功利性强

很多大学生在高中阶段学习成绩还算不错，但只重分数，没有养成良好的学习和行为习惯。在进入大学后遇到听不懂或认为所学内容较为枯燥乏味时，就会逐渐消极厌学，甚至逃课等，导致学习成绩下降，形成恶性循环。另外，不少学生在学习上奉行"实用主义"，目的过于功利化，主观色彩浓厚，对于自己感兴趣的或者认为对自己今后发展有用的课程，如英语、计算机等，态度较认真，学习较刻苦；而对一些公共课或自己认为没有实用价值的课程，则应付了事，能混就混，学习动机不足。

3. 自主性要求高，但自主学习能力偏弱

随着高等教育改革的深化，大学的课程安排更加科学合理，既有公共必修课、专业基础课，还有辅修课和大量选修课，大学生可以根据自己的兴趣自由选择喜欢的课程。同时，大学课程教学往往是提纲挈领式的，教师不再全面包办，而只是学生的引路人，他们在课堂上只讲重点、难点、疑点，其余部分需要学生自己去学习、理解和掌握，因此，学生自主学习的能力就显得尤为重要。在我国的教育体系中，进入大学学习的学生平时表现出容易受外界环境干扰，学习的意志力不够坚定的特点，比如，原计划要去自习的，可是有同学喊去逛街或者游玩，这些学生就会随意改变原定计划。而且，由于目前网络的普及，产生的负面影响也不容忽视。部分学生在进入高校之后，觉得自己的人生已经跨出了成功的第一步，对自己放松了约束。而且高校的管理相比于高中较为宽松，加之离开了父母的监督，这些学生难免会沉迷于网络游戏而不能自拔，在实际调查中，因为沉迷网络而荒废学业的案例不在少数。

心灵鸡汤

李开复：写在新生入学时——大学应学之一（自修之道）节选

大学四年应该怎样度过呢？我们首先来看看自修之道：从举一反三到无师自通。

记得我在哥伦比亚大学任助教时，曾有位学生的家长向我抱怨说："你们大学里到底在教些什么？我孩子在计算机系读完了大二，居然连 VisiCalc 都不会用。"

我当时回答道："电脑的发展日新月异。我们不能保证大学里所教的任何一项技术在五年以后仍然管用，我们也不能保证学生可以学会每一种技术和工具。我们能保证的是，你的孩子将学会思考，并掌握学习的方法，这样，无论五年以后出现什么样的新技术或新工具，你的孩子都能游刃有余。"

她接着问："学最新的软件不是教育，那教育的本质究竟是什么呢？"

我回答说："如果我们将学过的东西忘得一干二净时，最后剩下来的东西就是教育的本质了。"

我当时说的这句话来自心理学家斯金纳的名言。所谓"剩下来的东西"，其实就是自学的能力，也就是举一反三或无师自通的能力。大学不是"职业培训班"，而是一个让学生适应社会，适应不同工作岗位的平台。在大学期间，学习专业知识固然重要，但更重要的还是要学习思考的方法，培养举一反三的能力，只有这样，大学毕业生才能适应瞬息万变的未来世界。

上中学时，老师会一次又一次重复每一课里的关键内容。但进了大学以后，老师只会充当引路人的角色，学生必须自主地学习、探索和实践。走上工作岗位后，自学能力就显得更为重要了。微软公司曾做过一个统计：在每一名微软员工所掌握的知识内容里，大约只有10％是员工在过去的学习和工作中积累得到的，其他知识都是在加入微软后重新学习的。这一数据充分表明，一个缺乏自学能力的人是难以在微软这样的现代企业中立足的。

大学期间必须具备自学能力。许多同学总是抱怨老师教得不好，懂得不多，学校的课程安排也不合理。我通常会劝这些学生说："与其诅咒黑暗，不如点亮蜡烛。"大学生不应该只会跟在老师的身后亦步亦趋，而应当主动走在老师的前面。例如，大学老师在一个课时里通常要涵盖课本中几十页的信息内容，仅仅通过课堂听讲是无法把所有知识学通、学透的。最好的学习方法是在老师讲课之前就把课本中的相关问题琢磨清楚，然后在课堂上对照老师的讲解弥补自己在理解和认识上的不足之处。

中学生在学习知识时更多的是追求"记住"知识，而大学生就应当要求自己"理解"知识并善于提出问题。对每一个知识点，都应当多问几个"为什么"。一旦真正理解了理论或方法的来龙去脉，大家就能举一反三地学习其他知识，解决其他问题，甚至达到无师自通的境界。

第二节 常见的学习心理困扰

小张是一名计算机专业的大二学生，进入大学快两年了，他感觉周围的同学在学习上存在不少问题。很多同学原来在高中时成绩都还不错，学习也很刻苦，但是一上大学就觉得万事大吉了，只求混个文凭，因此，在学习上变得不肯用功，怕动脑筋，懒得思考，对老师布置的作业，能抄就抄。在课堂上，他们无精打采，对老师讲授的内容感到无聊，认为老师讲得枯燥乏味，因此，很多人只顾着低头玩手机；但到了课后，他们就眉飞色舞，要么躲在宿舍里刷视频、玩游戏，要么外出逛街、搞活动。对于考试，他们好像也满不在乎，认为"六十分万岁，多一分浪费"。对于身边同学的学习现状，小张常常替他们捏一把汗。

上述案例描述的是我们今天很多大学生学习的一个缩影。大学生在大学里的学习，是他们今后胜任未来工作的关键。但是我们也可以看到，大学生还存在不少学习心理困扰。

一、缺乏学习动机

学习动机是学习行为发生和维持的内部动力，它包含学习需要和学习诱因两方面的因素。前者是个体内部动机，包括个体的成就欲望、爱好及好奇心、求知欲、探索欲等。后者是外部动机，指激发行为的外部环境，如考试分数、奖学金、"三好"学生的荣誉等，它促使学生把自己的行为指向学习的目标。耶基斯—多德森定律表明，"达到最高作业水平的动机强度为动机的最佳水平"。也就是说，动机不是越强越好，中等强度的动机水平最有益于学习的进行。如果动机太弱，则学习缺乏动力，学习效果不佳；若动机太强，则会带来太大的心理压力，反而不利于学习，比如，很多人在中考、高考等重大考试中发挥失常，多是因为动机太强的缘故。

1. 学习动机缺乏的表现

由于大学的学习生活与中小学有很大的差别，加上社会环境、就业和生活等因素，当前大学生的学习动机通常表现为动机缺乏，而不是太强，具体表现如下。

（1）大学前后的学习"动机落差"

很多人认为高考前的学习是最苦的。寒窗苦读，很多时候是被动的苦，带着功利的苦，而不是在其中有着浓厚的兴趣。不少大学生经过高考的"独木桥"后，开始在大学校园里舒舒服服地等着毕业：上课想逃就逃；考试临时抱佛脚。甚至有些家长也是从小灌输给孩子这种思想，让孩子认为，所有的学习都是为了高考。于是，高考结束，学习变得不再重要了，于是产生了松懈心理，主要精力放在了玩耍和娱乐上。

（2）学习的懒惰行为

进入大学后，很多的大学生对分数已经不再像中小学时那么看重了，甚至很多人抱着"六十分万岁，多一分浪费"的心态对待考试与学习，认为进入大学就等于获得了半张文凭，只要不违反校规校纪，混个文凭就没问题；还有的因为家庭经济条件优越，认为"背靠大树好乘凉"。因此，他们没有对学习的兴趣和求知欲，缺乏上进心和成就感，上课无精打采，课后也不再预习、复习，作业不独立完成，很少去图书馆，考试往往"临时抱佛脚"，主要精力都放在"怎么玩"上。

知识链接

哈佛图书馆的二十条训言

1. 此刻打盹，你将做梦；而此刻学习，你将圆梦。
2. 我荒废的今日，正是昨日殒身之人祈求的明日。
3. 觉得为时已晚的时候，恰恰是最早的时候。
4. 勿将今日之事拖到明日。
5. 请享受无法回避的痛苦。
6. 学习这件事，不是缺乏时间，而是缺乏努力。
7. 幸福或许不排名次，但成功必排名次。
8. 学习并不是人生的全部。但既然连人生的一部分——学习也无法征服，还能做什么呢？
9. 学习时的苦痛是暂时的，未学到的痛苦是终生的。
10. 只有比别人更早、更勤奋地努力，才能尝到成功的滋味。
11. 谁也不能随随便便成功，它来自彻底的自我管理和毅力。
12. 时间在流逝。
13. 现在流的口水，将成为明天的眼泪。
14. 狗一样地学，绅士一样地玩。
15. 今天不走，明天要跑。
16. 投资未来的人，是忠于现实的人。
17. 受教育程度代表收入。
18. 一天过完，不会再来。
19. 即使现在，对手也不停地翻动书页。
20. 没有艰辛，便无所获。

2. 学习动机缺乏的原因

(1)学习目标不明确

中学的学习目标是考大学，大学的学习目标又是什么呢？为了找一份好工作，为了拿到一张文凭，还是为了人生的理想？很多大学生的人生理想缺乏社会责任感，没有高尚的情怀，只是单纯地将大学当作人生历程的一个跳板。因此，他们在学习上缺少近期目标和长远目标，只求混个文凭，在学习上得过且过；有的同学则目标过多，不知道该如何选择，进而产生迷茫、困惑。

（2）学习上遭遇挫折

大学和中学的教学模式和学习方式大不相同，已经由原来的以教师为核心的教学模式变成了以学生为核心的自学模式。老师不再为学生安排学习日程、悉心关注学生学习的每一个步骤，而改由学生自己决定要学的专业、学习的重点和发展的方向等。这一变化使一部分学生无法适应。当自己在学习、能力等方面与他人产生差距，甚至达不到学校的要求后，他们往往产生失落、忧虑、紧张、自卑的情绪，陷入自我怀疑、自我否定的困惑之中，挫折感强烈。

个体倾向于把成功归因为自己的努力或能力，而把失败归因为运气等外部因素。
这种归因错误称为自我服务偏见。

（3）错误归因

归因是指人们对自己或他人的行为找原因的过程。不同的人对相同的事件可能会出现不同的归因。如考试失败，有的学生把原因归结为自己不够努力，今后还要更加努力；有的学生认为是老师故意刁难，考题出得太难；还有的学生认为是自己运气不好，没有复习到考试的内容等。当学生把失败归因于自己的能力与努力时，学习动机就会增强；当学生把失败都归因为外部因素时，往往就会原谅、忽视自己的内在不足，学习动机就会减弱。

(4)外部因素

随着市场经济体制的建立和经济全球化的深入，金钱冲击了传统的学习观念，知识很大程度上成为功利的、世俗的工具。人们急功近利，什么专业好找工作、挣钱多就找啥专业。专业的选择不是根据个人的性格特征和爱好，而是专业的"含金量"，这些也造成了学生学习动机的缺乏。

二、学习方法的困扰

大学学习的一个重要特点就是学习的自主性，这时候，老师不再是领路人而是指路人，学生成为学习的主体和主人，需要自己规划学习的内容和方式。这种变化导致很多大学生不能适应，走了不少弯路，找不到适合自己的学习方法，学习效果不理想，主要表现如下。

1. 没有树立新的学习观念

大学的教育方式和教学模式的改变，要求大学生必须从教与学这两方面改变原有的学习观念：在教方面，大学的教师不再面面俱到，而是抓住理论要点进行教学，讨论的话题也不局限于教材，涉及的面会更广；对于学生来讲，除了要理解课堂上的内容外，还要阅读大量的相关方面的书籍和资料，而且，大学里的学习材料要远远多于中学时代，因此，在学习材料的掌握上需要做到粗细有别，不能平均用力，否则就会出现新生拿到教材那样的困惑："这么多内容，要怎么学才能学完呢？"

2. 学习的具体方法不恰当

大学学习除了模式改变之外，还有很强的专业性和自主性，这使得很多同学没有行之有效的学习方法，主要表现如下。

(1)没有学会自学

大学生在校期间的学习以自学为主，但有一部分学生不知道如何自学，常常把"自学"当作"自习"，把对课堂知识的"复习"当作"自学"，忽视了对知识的拓展和深化。换句话说，就是不知道除了课堂和教材之外还该学些什么？怎么学？

(2)学习没有计划性

学习计划是实现学习目标的重要保证。有些大学生对自己的学习毫无计划，整天忙于被动地应付作业和考试，缺乏主动的、自觉的学习，看什么、做什么、学什么都心中无数。他们总是在考虑"老师要我做什么"而不是"我要做什么"。

（3）抓不住学习的重点

很多大学生常常感到要学习的东西太多，什么都想学，但抓不住重点；刚学会这个，又想学那个，甚至这个没有学会，又去学那个了。还有的学生过分看重社会上的各种"证书"，甚至为了"考证"不惜牺牲专业知识的学习，反而在专业课考试上亮起了"红灯"。由于学习抓不住重点，造成了学习过程中主次不分的后果，尽管疲于奔命，但学习效果却不理想。

（4）不会迁移

大学里专业学习的一大特色就是理论与实践相结合，这就要求学生具有很强的迁移能力。迁移是指先前学习或训练的内容对后来类似的学习或训练内容的影响，通俗地讲就是"举一反三""触类旁通"。一部分学生在学习的过程中缺乏正迁移的能力，无法将新学习的知识尽可能与原有的知识联系，然后逐渐扩展到新知识的范围，形成正迁移，造成学习上的困难。

三、学习意志薄弱

有些大学生有学习的欲望和动机，也了解学习的方法，但就是无法坚持下去，好不容易制订好学习计划，没几天就放在一边了，这是由于他们学习意志薄弱造成的。学习意志是指学习者能够自觉地制定学习目标，支配自己的学习行为，克服学习困难，以实现预定的学习目标的心理过程。大学生学习意识薄弱主要表现在以下几方面。

1. 学习自制力不强

学习自制力指学习过程中自我克制、自我约束的能力。很多同学在学习过程中常随心所欲、做事拖沓、懒散，遇到情况发生变化，学习状况就乱了方寸，难以像往常那样坚持下去，这都是缺乏学习自制力的表现。

2. 学习的自觉性不高

学习自觉性指学生能独立地、自发地完成学习任务。有些同学没有独立学习的习惯，行为容易受到他人的干扰和影响，学习主要依靠他人的启发、引导和督促才能完成。

3. 缺乏学习的坚定性

学习的坚定性是指能够坚持学习计划，排除一切障碍和困难，不达目的决不罢休。有些同学在制订计划时雄心万丈，但是没坚持几天，看到周围的同学都在玩游戏、上网、逛街，于是自己也就放弃计划，跟其他同学保持一致了，这都是缺乏坚定性的表现。

四、考试心理障碍

大学的考试虽然不像中学时代那样频繁，但它依然是每个大学生都必须要面对的事情。每个人都希望在考场上发挥出最佳水平，考出好成绩。但实际上常有学生的考试结果与自己付出的努力不相当，甚至因为过度焦虑而功败垂成。

📖 案例分析

小菲是一名品学兼优的大学生，作为班干部，她压力很大，认为不能考砸，否则就会在全班面前丢人。在走进考场的时候，她感觉脑子里一片空白，什么都不敢想；坐到座位上，她觉得身体不能放松，有一种空虚、不安的感觉；当拿到卷子时，她感觉全身肌肉很紧张，精神上的弦也绷得紧紧的；在考试过程中，小菲遇到一道难题，但很长时间仍看不懂题意。她的手心出汗、双腿打战，进而出现胸闷、恶心等生理反应；当距离她很近的同学先翻试卷时她就着急，生怕自己时间不够；老师有时候会拿起她的卷子看一下，她觉得很不舒服，认为老师耽误了她的时间。考试铃声一响，小菲觉得这次自己考砸了。

案例分析：小菲对考试结果赋予了很高期望，由此产生的压力使她产生了严重的考试焦虑，并引起了以上一系列的生理反应。这些生理反应，更进一步加重了其紧张情绪，导致其发挥失常。

考试焦虑通常是指考试过程中，由于过度担心自己考试失败有损自尊而产生的一种忧虑的情绪反应。适度的考试焦虑有助于调动学生的心理能量和生理能量，使之全力以赴，注意力更集中，记忆力更强，思维更敏捷，对考前的复习具有积极的促进作用。过度的考试焦虑则会造成高度的忧虑和紧张，产生负面影响。过度考试焦虑主要表现为：考前紧张恐惧、心烦意乱、喜怒无常、失眠、记忆力减退、注意力不集中、学习效率下降等。

第三节　大学生学习问题调适

一、保持适度的学习动机

学习动机不足的自我调适主要包括设定合理的学习目标、增强自我效能感、进行正确的归因、培养学习兴趣四个方面。

1. 设定合理的学习目标

设定合理的学习目标是学习得以顺利进行的第一步，它影响了个体对学习活动的投入程度，从而决定了个体的学业成就水平。因此，大学生可针对自己的实际情况，尽早规划大学生涯，设定合适的学习目标，并科学进行目标分解。建议采取长期目标与短期目标相结合的方式。研究表明，具体、明确而又有挑战性的短期目标有更直接的激励作用，它能使学生更加努力，最终取得较高的学业成就；而较高的学业成就可以让学生体验成功的愉悦，提高自我评价，激发潜在的学习动机，并在学习活动中持之以恒，指导长期目标的实现。

2. 增强自我效能感

自我效能感是指个体对自己能否成功地进行某一成就行为的主观判断，与自我能力感是同义词。自我效能感不仅影响大学生的学习目标的选择、学习的努力程度和学习活动中的情形，而且影响学习任务的最终完成。增强学生的自我效能感的前提是学生要接纳自我：一是客观评价自己的优缺点、所读学校和专业优劣势，不要盲目进行横向和纵向比较；二是尽快走出高考失败的阴影，正确认识高等教育的特殊性及其重要意义。另外，增强学生的自我效能感，可以通过形成适当的预期来实现。虽然尝试容易的任务可能会比较容易取得进步，但学生较难从中了解自己解决挑战性任务的能力；反过来，如果尝试太难的任务，失败的结果会降低学生的自我效能感和长期动机。因此，只有当任务具有挑战性而又并非很难完成，并且学生能从任务操作中获得有关自己能力的信息时，才能增强自我效能感。

3. 进行正确的归因

学习中进行归因是对自己的学习结果的原因进行解释或推测的过程。如果把自己学业的成功或失败归因于内部的、可控的因素（如能力、努力程度等），学生的学习动力就会被激发，学习动机就会增强；相反，如果把学业的成功或失败归因于外部的、不可控的因素，学生会丧失自我调控的信心，认为不管如何努力都无济于事，学习动力会减弱，学习动机也会降低，厌学情绪就会产生。因此，大学生应学会对自己学业成果进行正确归因，把成功归因于自己的努力或能力，把失败归因于自己努力程度不足或技能的缺乏。这种归因方式能促进大学生提高学习动机，发展学习技能。

4. 培养学习兴趣

爱因斯坦说过，兴趣是最好的老师。只有保持对所学知识浓厚而持久的兴趣，才能充满热情地学习，保证良好的学习效果。从心理学的角度讲，兴趣不是天生的，而是后天培养的。对于多数大学生来说，进入大学后专业已基本固定，有时"选你所爱"未必成功，这时不妨试试"爱你所选"。在大学中，转专业并不容易，所以，大学生首先应努力学好本专业，并在学习过程中逐渐培养自己对专业的兴趣。

二、掌握正确的学习方法

知识链接

学习的三层境界

第一层为苦学。

提起学习就讲"头悬梁、锥刺股"，"刻苦、刻苦、再刻苦"。处于这种层次的同学，觉得学习枯燥无味，对他们来说学习是一种被迫行为，体会不到学习中的乐趣。长期下去，对学习必然产生了一种恐惧感，从而滋生了厌学的情绪，结果，在他们那里，学习变成了一种苦差事。

第二层为好学。

所谓"知之者不如好之者"，达到这种境界的同学，学习兴趣对学习起到重大的推动作用。对学习的如饥似渴，常常到了废寝忘食的地步。他们的学习不需要别人的逼迫，自觉的态度常使他们能取得好的成绩，而好的成绩又使他们对学习产生更浓的兴趣，形成学习中的良性循环。

第三层为会学。

学习本身也是一门学问，有科学的方法，有需要遵循的规律。按照正确的方法学习，学习效率就高，学得轻松，思维也变得灵活流畅，能够很好地驾驭知识。真正成为知识的主人。

法国思想家卢梭曾指出：形成一种独立的学习方法，要比获得知识更为重要。在学习中，除了要有适度的动机，科学合理的学习方法也能使我们在学习中事半功倍。

1. 管理好时间

时间是不可再生资源，它供给量有限，而且不能储存。我们要想提高学习效率，就必须掌握时间管理的艺术。专家指出：时间管理实际上就是人生的管理。

那么，怎样进行时间管理呢？我们可以采用下面的方法：随身携带一个记事本或者备忘录，每天早晨花 5～10 分钟做计划，把当天要做的事情都写下来，并按事情的轻重缓急排序，对重要而且紧急的事情，要马上执行；而紧急却不重要的事情，可以交由其他人帮忙解决；

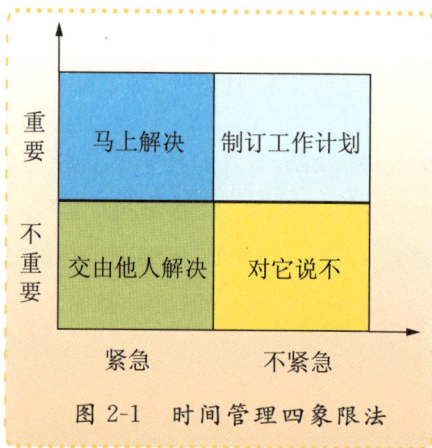

图 2-1 时间管理四象限法

对重要但不紧急的事情，可以制订工作计划；对不重要且不紧急的事情，则对它说不。

2. 复习要及时

学而时习之，温故而知新。德国心理学家艾宾浩斯通过实验证明，我们在学习了新的知识以后，如果及时复习，这些学过的知识就会被遗忘。根据他的研究，我们刚刚记忆完的学习材料，20 分钟后就只能回忆起 58.2％，1 小时后只能回忆起 44.2％，1 天后能回忆起 33.7％。所以，新学的知识一定要及时复习，只有勤于复习，才能掌握得更牢固。

时间间隔	记忆量
刚刚记忆完毕	100%
20分钟后	58.2%
1小时后	44.2%
8~9小时后	35.8%
1天后	33.7%
2天后	27.8%
6天后	21.1%

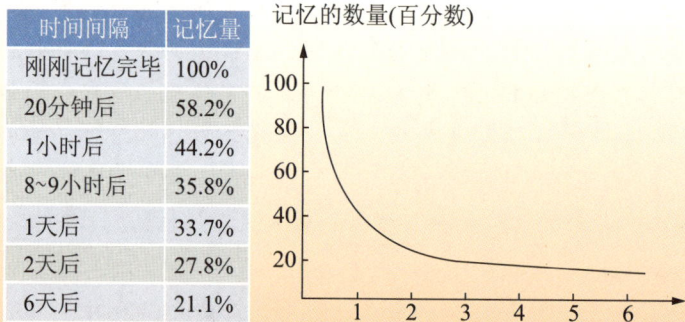

图 2-2 艾宾浩斯遗忘曲线

3. 科学用脑

假如我们要背 50 个外语单词，有两种方法：一种方法是集中一段时间学习，一直到全部背会为止；另一种方法是将这 50 个单词分为 5 个单元，每个单元有 10 个单词，一次背 10 个，休息一段时间后，再背下一单元，以此类推，一直到五个单元全部背完。然后再检查一下自己的学习效果，你感觉哪种方法会更好呢？你会发现第二种方法背起来更为轻松，效率也更高。第一种方法叫集中学习，第二种方法叫分散学习。大量心理学研究表明，分散学习的效果要好于集中学习。因此，我们在学习中要多运用分散学习的方法。

另外，研究发现，学习不同的科目，在大脑皮层所引起的兴奋点的位置是不同的，而且同一兴奋点不可能长期处于兴奋状态，过一段时间，它就要转为抑制状态。因此，长时间不间断地学习同一科目，学习效率就会逐渐下降。如果我们能够将文理科交叉来学习，使大脑皮层的不同位置在不同时间段处于兴奋和抑制状态，那么就可以使我们一直保持较高的学习效率。

4. 知行合一

"知者行之始，行者知之成"，我们应将学习和实践结合起来，切忌学而不用，摒弃高分低能。以知为指导的行才能行之有效，脱离知的行则是盲动。同样，以行验证的知才是真知灼见，脱离行的知则是空洞的知。大学生要做到知行合一，就要善于在实践中学习，并以学习指导实践，手脑并用。

5. 充分利用学习资源

大学生应该充分利用图书馆和互联网，培养独立学习和研究的本领，为适应今后的工作或进一步的深造做准备。除了学习老师规定的课程以外，大学生一定要学会查找书籍和文献，以便接触更广泛的知识和研究成果。例如，当我们在一门课上发现了自己感兴趣的课题，就应当积极去图书馆查阅相关文献，了解这个课题的来龙去脉和目前的研究动态。熟练和充分地使用图书馆资源，这是那些有志于科学研究的大学生的必备技能之一。

知识链接

大学新生学习规划十七条

1. 认真进行自我发展设计，规划出最适合自己的学习生涯发展路线；

2. 意识到大学的学习与中学的学习差异，特别要走出"应试教育"的误区；

3. 制订出适合自己的长期、中期、近期学习目标及详细计划，并坚持执行；

4. 选用适合自己的学习方法，探索出个人学习风格，发挥最大学习效率；

5. 主动进行探索性和研究性学习，而不只是被动接受学习；

6. 合理分配自己的学习时间，特别是有效利用课余时间；

7. 学习的内容不仅仅局限于课本，更要联系实际，进行实践；

8. 不只是学习自己的专业，还要了解其他学科知识；

9. 学会查阅资料，了解自己专业研究的最新进展；

10. 抓住自己学习中的灵感，发挥创造性，想办法将它实现；

11. 多向老师、同学请教学习经验、学习感受；

12. 多参加学术交流活动，听专题报告、讲座；

13. 正视学习中的困难和挫折，及时调整自己的消极心理；

14. 培养和发现自己的学习兴趣，坚持学习自己喜欢的学科；

15. 善于肯定自己的每一次进步和成功，寻找学习的成就感；

16. 坦然面对考试，消除过于紧张和焦虑的状态；

17. 更广泛地学习，学习生活、学习交际、学习休闲、学习运动。

三、锤炼坚定的学习意志

不管做什么事情，意志力坚强的人更容易获得成功，学习也是如此。因此，如果你在学习上具有较好的自觉性、自制力并且能长期不断地坚持下去的话，相信取得好成绩对你也不会是一件难事。那么，怎样培养学习上的意志力呢？找个搭档比较好。比如在背诵外语单词时，一个人背诵，很容易就觉得累了，所以很难坚持下去，但是当两个伙伴在一起比赛着背时，互相竞争和支持会使两个人都能坚持下去，从而培养了良好的学习习惯，锤炼了意志力。

心灵鸡汤

积累小成功，锤炼意志力

我们都知道，改掉坏习惯，或是形成一个全新的、健康的新习惯很难，但是坚持就是胜利。华盛顿大学的研究人员发现，下定决心的人，能坚持两个月的只有 63%。可见坚持并不容易。

要记住，罗马不是一天建成的，无论你的目标是什么，不要幻想一蹴而就。真正的成功需要时间的锤炼。如果你想戒咖啡，将清晨的一杯咖啡换成一杯水，从这开始，而不是一而再再而三地发誓，从此以后再也不喝咖啡。为每一个小小的成就而喝彩，正是这每一次小小的成就，将集聚成一个大的成就。

四、调节过度的考试焦虑

造成大学生考试焦虑的原因，既有客观因素，也有主观因素，但以主观因素为主。客观上，一般考试越重要，考题越难，竞争越激烈，越容易引发考试焦虑，比如，评奖学金、评选优秀学生等都十分看重学生的成绩，学生之间相互攀比成绩，也客观上推动了考试焦虑氛围的形成和考试压力的传递。主观方面，考试期望过高、对考试外在价值过分重视、考前准备不足以及性格内向、敏感、缺乏安全感和自信心以及做事追求完美的大学生更容易出现考试焦虑。

调节考试焦虑的措施主要有以下几种。

1. 考前充分准备

事实上，大多数考试焦虑是由复习准备不充分引起的。因此，牢固掌握知识才是克服考试焦虑的根本途径。

2. 调整考试期望

每个人对每次考试都有自己的期望值，即估计自己考试能达到的程度和所要达到的目标。对考试的期望过高或过低，都不利于临场发挥。因此，学生要正确评价自我，确立恰当的学业期望，不与他人攀比成绩。只求掌握知识，不求成绩高低；享受学习过程，看淡考试结果。

3. 学会考前放松

学习和掌握一些考前放松的方法可以有效地缓解因考试而产生的紧张、焦虑，从而提高心理健康水平。常用的放松方法有肌肉放松法和想象放松法。

本章小结

★ 学习是由于经验所引起的行为或思维的比较持久的变化。
★ 大学生的学习实践性强、对学习的自主性和自觉性要求很高。
★ 大学生学习面临动机不足、方法不当、意志薄弱和考试焦虑等困扰。
★ 大学生在学习中尤其要注重自主学习能力的培养。

思考题

1. 你的学习习惯是怎样的？是和高中一样吗？这些习惯现在是否适应于大学学习？
2. 你的学习动机是什么？你现在的学习目标是什么？
3. 除了学习专业课程之外，你课外有哪些学习的任务和安排？

【心理自测】

(一)学习动机测试

如何判断学习动机缺乏或过强呢？下面介绍一份针对学生学习动机的简易量表，你将作答的题目没有对错之分，只需将你的真实想法选出来即可。

1. 是否想在学习上成为班级第一名？

A. 不想   B. 有时想   C. 经常想

2. 你考试获得好成绩时，是否想得到老师表扬？

A. 经常想   B. 有时想   C. 不想

3. 你是否认为，学习上碰到不会的地方，只要努力钻研一定会明白的？

A. 不认为   B. 有时认为   C. 经常认为

4. 你是否想在和同学的学习竞赛中获胜？

A. 经常想   B. 有时想   C. 不想

5. 你是否认为，只要用功学习成绩就会有所提高？

A. 不认为   B. 有时认为   C. 经常认为

6. 你是否认为，只要努力学习即使不喜欢的功课，也会变得有兴趣？

A. 经常认为   B. 有时认为   C. 不认为

7. 你在专心学习的时候，是否对周围发生的事不在意？

A. 不在意   B. 有时在意   C. 经常在意

8. 你是否认为，平时好好学习，考试就会得到好成绩？

A. 经常认为   B. 有时认为   C. 不认为

9. 你是否认为，在测验和考试期间，可以不参加运动和游戏？

A. 不认为   B. 有时认为   C. 经常认为

10. 你是否认为学习紧张的时候，可以不和同学玩？

A. 经常认为   B. 有时认为   C. 不认为

11. 你是否在疲劳的时候，还想再查看一遍已经做完的功课？

A. 不想   B. 有时想   C. 经常想

12. 你是否想在平时复习好功课，以便能随时回答老师的提问？

A. 经常想   B. 有时想   C. 不想

计分方法：

1. 以上各题，凡奇数题1、3、5、7、9、11，选A得1分，选B得2分，选C得3分；凡偶数题2、4、6、8、10、12，选A得3分，选B得2分，选C得1分。各题得分相加得测验总分。

2. 结果分析：

总分为12～21分：学习动机较弱；

总分为22～27分：学习动机中等；

总分为28～36分：学习动机较强。

(二)学习技能自测

下面有25道题，每道题有5个备选答案，请你根据自己的实际情况，在题目前的括号里填写相应的答案，每题只能选择一个答案。备选答案的具体含义为：A. 很符合自己的情况；B. 比较符合自己的情况；C. 很难回答；D. 较不符合自己的情况；E. 很不符合自己的情况。

（   ）1. 经常记下阅读中的不懂之处。

（   ）2. 经常阅读与自己专业无直接关系的书籍。

（   ）3. 在观察或思考时，重视自己的看法。

（   ）4. 重视做好预习和复习。

（   ）5. 按照一定的方法进行讨论。

（   ）6. 做笔记时，把材料归纳成条纹或图表，以便理解。

（   ）7. 听别人讲解问题时，眼睛注视着讲解者。

（   ）8. 利用参考书和习题集。

（   ）9. 注意归纳并写出学习中的要点。

（   ）10. 经常查阅字典、手册等工具书。

（   ）11. 面临考试，能克服紧张情绪。

（   ）12. 认为是重要的内容，就格外注意听讲和理解。

（   ）13. 阅读中若有不懂的地方，非弄懂不可。

（   ）14. 联系其他学科内容进行学习。

（   ）15. 动笔解题前，先有个设想，然后抓住要点解题。

（　　）16. 阅读中认为重要的或需要记住的地方，就画上线或做上记号。

（　　）17. 经常向老师或其他人请教不懂的问题。

（　　）18. 喜欢讨论学习中遇到的问题。

（　　）19. 善于吸取别人好的学习方法。

（　　）20. 对需要记牢的公式、定理等反复进行记忆。

（　　）21. 观察实物或参考有关资料进行学习。

（　　）22. 听课时做好笔记。

（　　）23. 重视学习的效果，不浪费时间。

（　　）24. 如果实在不能独立解出习题，就先看答案再做。

（　　）25. 能制订出切实可行的学习计划。

计分与解释：

统计你所选各字母的次数，每选一个 A 得 5 分、B 得 4 分、C 得 3 分、D 得 2 分、E 得 1 分，把你的得分全部相加，算出总分。总分在 101 分以上，表示你的学习技能水平优秀；总分在 86～100 之间，表示你的学习技能水平较高；总分在 66～85 分之间，表示你的学习技能水平一般；总分在 51～65 分之间，表示你的学习技能水平较差；总分在 50 分以下，表示你的学习技能水平很差。

【课后导读】

[1] 覃彪喜. 读大学，究竟读什么[M]. 广州：南方日报出版社，2006 年 3 月版.

[2] 高杰. 别让大学毁了你[M]. 北京：中国友谊出版公司，2012 年 1 月版.

[3] 肖行定. 大学生学习生活指南[M]. 武汉：华中科技大学出版社，2012 年 9 月版.

[4] 王言根. 学会学习[M]. 北京：科学教育出版社，2003 年 7 月版.

第三章　接纳自己
——自我意识的探索与发展

学习目标

※　**能力目标**
- 认识自我意识的发展状况
- 初步掌握常见的自我意识偏差及调节方法

※　**知识目标**
- 理解自我意识的基本概念
- 理解自我意识发展的基本规律

※　**素质目标**
- 悦纳自我，积极追求自我实现

引　言

　　"我是谁?""我跟别人有什么不同?""我有什么优缺点?""我要成为什么样的人?"……每个人或多或少都会产生这样的疑问,每个人的回答也不尽相同,其实这些疑问反映的都是人们的自我意识现象。"认识你自己"是古希腊德尔斐神庙镌刻的一条著名神谕,可见人们很早就懂得自我意识的重要性。当下,大学生逐渐独立于家庭,又面临着如何融入社会,以及未来如何发展的问题。要解决好这些问题,既能被社会所接纳,又能活出自己的精彩,都要求大学生对自我进行更多的探索,逐步确立客观而积极、明确又灵活的自我意识。那么,大学生应该如何认识自我?什么样的自我意识才是正确的?怎样才能避免自我意识的偏差?本章将帮助你了解自我意识的发展状况,学会如何调节自我意识的偏差,并引导你悦纳自我,积极追求自我实现。

📖 小 故 事

相信自己是鸡的鹰

一个人在高山之巅的鹰巢里，抓到了一只幼鹰，他把幼鹰带回家，养在鸡笼里。这只幼鹰和鸡一起啄食、嬉闹和休息。它以为自己是一只鸡。这只鹰渐渐长大，羽翼丰满了，主人想把它训练成猎鹰，可是由于终日和鸡混在一起，它已经变得和鸡完全一样，根本没有飞的愿望了。主人试了各种办法，都毫无效果，最后只好把它带到山顶上，一把将它扔了出去。这只鹰像块石头似的，直掉下去，慌乱之中它拼命地扑打翅膀，就这样，它终于飞了起来！

点评：自我意识决定了你是谁，也能影响你跟他人的关系，甚至影响着你的人生轨迹和能够达到的境界。其实我们在生活中遇到的许多困境或烦恼，都与我们不正确的自我意识密切相关：或者是因为我们过于看低自己；或者是因为我们自我感觉太好；又或者是因为我们根本看不清楚自己……那我们怎样才能正确地认识自己？怎样才能形成正确的自我意识？我们不是那只鹰，我们也不能坐等危急时刻，大学阶段是每个人自我意识形成的关键时期，我们要抓住机会，主动探索自我、认识自我。

⚙️ 心灵引导

知人者智，自知者明。
胜人者有力，自胜者强。

——老子

第一节　自我意识及其发展规律

自我意识是人对自己身心状态的意识，以及对自己同客观世界的关系的意识。简言之，自我意识就是一个人对自己各方面的看法、感受和调控。自我意识主要包括生理自我、心理自我和社会自我三个方面的内容：生理自我是指对"我的身材高矮胖瘦、我的身体健康与否"等方面的意识；心理自我是指对"我的能力强弱、我的性格有何特点、我的气质怎样、我的兴趣爱好有哪些"等方面的意识；社会自我是指对"我的身份是什么、我的地位怎样、我的人际关系如何"等方面的意识。

自我意识对每个人的发展都起着至关重要的作用。因为只有正确地认识自己，并以正确的态度来看待自己与外界的关系，我们才能采取正确的行动，才不会迷茫或者盲目。前面的小故事中，那只把自己看作鸡的鹰是悲哀的，空有一对可以翱翔蓝天的翅膀，却过着不能飞翔的平凡生活。但它也是无辜的，因为它毕竟只是一只鹰，完全是那个人害了它。如果我们也像它一样盲目地去生活，则不能完全归咎于外界因素，因为我们是人，我们能够反思自己，我们也理应去认识自己，追求自身的价值和幸福的生活。只有这样，我们才能在生命的最后时刻感到此生无憾，而不是遗憾终生。

一、自我意识越来越重要

虽然自我意识是一个古老的课题，但是它的重要性是随着时代的发展而逐渐彰显出来的。当代社会，自我意识对于每一个人的重要程度，是以往任何时代都没有达到过的。

著名心理学家马斯洛提出的"需求层次理论"认为人的需求是有不同层次的，包括以下几个层次：一是生理需求，即衣食住行等需求；二是安全需求，即希望自己的生活有保障，不至于动荡不安的需求；三是社交需求，即与他人沟通来往的需求；四是获得尊重的需求，即希望自己受到他人尊重的需求；五是自我实现的需求，即实现自己人生目标和意义的需求。在不同的情况下，这些需求的迫切程度是不一样的，只有当生理需求和安全需求得到满足的前提下，人们才会迫切希望满足其他的需求。当代社会，我们正处在一个物质文明越来越发达的时代，人们的生理需求和安全需求基本上能够得到满足，所以，对于社交、尊重和自我实现的需求较为迫切。这些需求要得到满足，都离不开对于自我的正确认识，因为只有正确认识自我，才能找到志趣相投的交往对象，才能找到符合自己意愿，并且能够发挥自己特长的事情去做，从而得到他人的尊重，进而实现自我价值。因此，时代的发展客观上使自我意识对于人们来说越来越重要。

在古代的奴隶社会和封建社会中，森严的等级制度使得人们几乎从一出生就注定了一辈子的命运。在我国古代的士农工商各行业中，子承父业是一种比较普遍的现象。在古代印度，婆罗门、刹帝利、吠舍、首陀罗四大种姓之间的隔离更为极端。在这样的社会中，对于个人来说，他（她）的生活方式、生活目的和意义，社会有比较明确的指引和规定，他（她）的选择余地不大，也就没有必要去思考这些问题了。但是在当下，我国社会各阶层之间流动性较强，社会的包容度也很大。我们只要遵守法律和道德的基本要求，对于"要从事什么职业""要过什么样的生活""要成为什么样的人"这一类问题，社会并没有明确的规定和说明，更多要靠我们自己去寻找答案。而要回答好这些问题，更好地掌控自己的现在和未来，就必须正确地认识自己。所以在当下，探寻自我，学会了解并调节自我意识是人们(特别是年轻人)面临的主要任务之一。

案例分析

某地惊现大学生"闪辞"族　半年换30多份工作

小王所学的专业是计算机，毕业前，他就开始了"疯狂"找工作和换工作之旅。时常，找到工作还没做两天，招呼不打就走人了。

昨日上午10时许，刚辞职的小王又马不停蹄开始找新工作。"多试几次总会找到适合自己的工作。"小王以这样的心态，一连去几家公司面试，在通过面试后，将答应上班的时间一一错开，然后逐个体验，如果感觉不合适当天就辞职了。

就这样，半年下来，小王换了30多份工作，这其中有销售员、技术员、文员……其中做得最长的只有一个月，其余连两天都没超过。此外，他还爽约了20份面试通知。

说起其中原因，小王说，有的是因为待遇不行，有的是因为没有发展前景，有的则因为没有兴趣。(摘自《东南快报》)

讨论

1. 你认为小王为什么会如此频繁地换工作？

2. 小王清楚他自己想做什么样的工作吗？

3. 你觉得小王要怎样才能找到满意的工作？

中国有句俗语："男怕入错行，女怕嫁错郎。"意思是说无论找工作或者结婚，都是一辈子的事情，如果没有选好对象，那很可能一辈子都没办法改变错误了。当代社会，情况有所不同。灵活的就业政策使得更换职业不再可望而不可即，婚姻自由也使离婚变得更为平常。但这些变化又给人们带来了新的困惑。有的年轻人三天两头更换工作，当被问及为什么的时候，他说："因为我不知道我自己到底要做什么，我发现我对任何工作都不擅长，也都不感兴趣。"还有的年轻人在极短的时间内闪婚又闪离，经历了突

如其来的幸福和悲痛之后，却发现自己完全不懂得爱，不懂得和对方相处。在这些问题的背后，自我意识的模糊和错位都是很重要的原因。可供选择的东西多了，不仅给我们带来更多欢乐，也给我们带来了更多烦恼。有人说人生就是不断地选择和不断地后悔。大千世界，纷繁复杂，到底什么是我真正的目标和方向？什么样的生活方式才是真正适合自己的？这些问题不光是年轻人需要面对的，也是任何年龄的人们都要面对的。因此，掌握自我意识的相关知识和技能，学会探寻自我、调节自我，其意义不仅在于一时，更在于一世，是我们一辈子的事情。

二、自我意识的内涵

自我意识是一个内涵丰富的概念。我们已经知道它包括生理自我、心理自我和社会自我三个方面的内容，但是无论是哪个方面的自我意识，都有相似的层次和结构。自我意识可以划分为自我认知、自我体验、自我调节三个层次。

自我认知是指对自己的观察、了解、分析和评价。比如，通过镜子去观察自己的外貌；通过交往了解他人对自己的看法；通过反思去分析和评价自己的状态和行为等。

自我体验是指伴随着自我认知而产生的情绪和情感。比如，在与他人交往中觉得自己不如别人，往往伴随着自卑和羞愧等感受；反之，则容易出现自信、自豪，甚至自负等感受。可以说，有怎样的自我认知，就会有怎样的自我体验。

自我调节是指在自我认知和自我体验的基础上，对自己的言行、思想和观念等进行调节和控制，比如，对自己的不当言行进行检查和监控，改变自己的言行，使其符合要求，达到更理想的状态等。

这三个层次中，自我认知是基础，是自我体验和自我调节的前提，也就是说要先了解自己、评价自己，才会产生相应的情绪和情感，也才有可能根据自己的情况去调整自己的言行、思想和观念。

自我体验会伴随着自我认知而出现，并且二者之间会相互影响。比如：某学生的学习成绩有了很大的提高，他（她）通过反思发现这件事的主要原因是自己刻苦努力，他（她）会出现自信、自尊等情绪，但如果发现原因只是考试题目过于简单，则他（她）就不会产生类似的情绪。这就是自我认知影响自我体验。反过来，也存在自我体验影响自我认知的现象，比如：某学生一直以来都成绩不佳，也比较自卑，这一次突然考试成绩很好，他却总是觉得是题目太简单了，或者是自己运气好，根本不去想是不是自己的能力有提高，所以仍有自卑心理，并且影响对自我能力的正确认识。

在自我认知和自我体验的基础上，人们会对自我进行调节，这种调节主要包括自我推动和自我限制。比如，当某学生通过自我认知觉得自己人际交往能力不佳，并且伴随着负面的体验，迫切希望改善时，就可能会采取一些措施来限制自己不利于交往的行为，比如退缩、胆怯等，并且推动自己去学习一些人际交往的知识和技能。

📖 案例分析

小雯的故事

小雯本来是一个不太注重外表的女生，整天素面朝天，穿衣服也不怎么讲究，她觉得自自然然的就好了。可是上大学以来，身边的女生一个个都很注意打扮自己，她们穿着讲究，追逐潮流，对发型和化妆更是颇有心得，小雯渐渐觉得自己在她们面前显得有些老土。同时，她发现班上的男生对自己不冷不热，不像对其他女生那样热情，更加觉得些失落。

于是，小雯渐渐地开始注重自己的外表了，她每天都要照好几次镜子，早上起床后更是要在镜子前摆弄好久。每过一段时间，就为自己添置一些时尚的服装。为了改头换面，她在美发中心做了一个几百元的卷发，成了会员，还购买了某国际知名品牌的一整套护肤品以及一些美妆用品。最近，她听同学说有一家美容院推出的面部护理服务效果很好，非常想去试一试。昨天，她遇到一位高中时的同学，主动和对方打招呼，结果老同学愣住了，过了几秒才认出是她。

讨论

1. 在这个案例中，小雯产生了怎样的自我认知？是如何产生的？
2. 伴随着对外表的自我认知，小雯的自我体验如何？
3. 小雯的行为发生了怎样的改变？为什么？

三、自我意识的发展过程

自我意识不是与生俱来的，而是随着年龄的增长而不断发展变化的。我们出生时，自我意识基本上处于空白的状态。在与外界环境的不断交流与互动中，逐渐产生了对自己的了解和认识，有了最初的自我意识。在此基础上，随着我们活动范围的扩大，随着我们与外界环境互动的增加，我们对自己的了解越来越深刻，越来越丰富，自我意识不断发展，最终将达到一个比较完整而且相对稳定的状态。

自我意识发展的第一个关键环节是把自我和外界区分开来，认识到自己和周围环境不是一体的，自己是独立于世界的存在。在婴儿时代，我们通过观察和感知这个世界，发现有些东西不会消失，而是一直在自己的身边，并且自己能够控制和感受，比如，自己的手、自己的脚等。通过不断地尝试，我们逐渐从周围分离出属于自己的部分，并且把这些部分命名为"我"。

随着年龄的增长，自我意识发展迅速。在童年时代，我们的自我意识逐渐丰富，不过大多还局限于对自身外部特征的认识和了解，缺乏对内心世界的认识。我们大多是直接从父母、老师、同伴等他人身上得到关于自己的认识和评价，较少通过自己主动的反思。

少年时代是自我意识发展的又一个关键期。我们开始越来越关注自己的内心，我们学会了反思自己、评价自己，对自己的气质、性格等人格特征有了初步认识。但由于我们看待事物还不够全面，不能很好地从各个角度去考虑，所以我们的自我意识还不够深刻、不够稳定。容易出现一下子自我感觉特别好，一下子又感到非常沮丧失落的极端现象。感觉自己已长大，但很多时候又显露出幼稚的一面，使我们内心充满了矛盾。

青年期是自我意识逐渐成熟的阶段。我们开始脱离对父母的依赖，尝试自食其力，对社会有了更多的接触。我们开始思考自己人生的意义，我们开始思考怎样做人，怎样处事，我们开始思考我们的过去、现在和未来。在不断的实践和思考中，我们开始对自我进行深入的探索，我们把所有对自我的了解和认识进行梳理和整合，逐渐形成了一个对自我全面、深刻、完整而清晰的描绘。

第二节　大学生自我意识的发展状况

当我们带着行李从四面八方来到大学的时候，我们将要独自面对陌生的老师、同学和室友，与以往不同的学习方式，丰富多彩的校园活动，更多融入社会的机会……最重要的是，很多时候我们要自己决定做什么，自己决定怎样去做，并为之付出代价。进入大学时，我们没有太大的差别，但是毕业后，我们会发现彼此会有许多差异，我们将带着这些差异去不同的地方，走上不同的工作岗位，演绎出多姿多彩的人生……是的，大学是一个发现自我的地方，是一个走向独立的地方，在这里，我们的自我意识会经历许多矛盾、迷茫和危机，如果我们能够顺利地克服这些困难，就能更从容地面对人生、面对社会、面对未来。

一、大学生自我意识发展的特点

大学时代正处于青年初期，是自我意识走向成熟、完整和稳定的关键时期。美国心理学家埃里克森认为：在自我意识的发展过程中，这一时期要面临的主要问题是自我意识的确定和自我角色的形成。在这一时期，较为理想的自我意识发展体现在两个方面：首先是社会与个人的统一，即我们能够找到一个恰当的方式融入这个社会，我们的思想观念和行为能够被社会所接纳，同时我们的个性又能不被磨灭，我们能够从事一个被社会认同的职业，扮演好社会要求我们扮演的角色，同时又能在生活中发现自己的兴趣和价值；其次是过去的我、现在的我与未来的我要统一，即我们能客观地看待过去的成长经历，积极地面对以往的成功和失败，总结经验和教训，同时我们又能积极地放眼未来，描绘我们的人生理想。最重要的是，我们要能够珍惜现在，总结利用好过去的经验和教训，不断完善自己，脚踏实地地朝着自己描绘的人生理想不断进步。

但是自我意识要达到上述理想状态是非常困难的，现实生活中，大学生的自我意识常体现出以下几种特点。

1. 独立意识强烈，自立能力落后

大多数大学生都有强烈的独立意识，因为自己已经成人，迫切希望能够处理好自己的事情，无论是学习、生活、社交等各方面都希望自己做主。但是部分学生由于家长相对溺爱，在以往的成长过程中没有得到充分的锻炼，因此他们还缺乏独立的能力，在很多事情上还不能一下子自立。所以部分大学生存在独立意识强烈，但实际能力落后的矛盾，短时间内难以适应独立生活。个别大学生甚至出现声称要独立自主，却处处依赖父母的现象。

案例分析

新生想独立，家长不放手

记者遇到了一位父母陪同来办理入学手续的学生小张。"您在这儿歇会吧！我跟同学去买个热水瓶。"来自山东的新生小张，好说歹说才让一直跟着他的父母在宿舍坐下，和同学一起出了门。对于父母的关怀，小张觉得很尴尬："从我家到天津不用转车，坐火车不到 5 个小时就到了，但我爸妈坚持要跟着，到这啥也帮不上。大学是人生的一个重要转折点，不仅要学知识，还要锻炼能力，毕业后才能很好地进入社会。父母的关爱可以理解，我也非常珍惜，但是我希望他们能根据我的成长调整心态和教育方法。过度地呵护、凡事替我包办，其实是不相信我的能力，也是对我的人格不够尊重。"(摘自《今晚报》)

她的父母为她打理一切

小月在家习惯了衣来伸手、饭来张口，快毕业了，父母心急如焚到处给她张罗工作，可是她自己却丝毫不急。从小到大，小月从考大学，报专业，都是父母代

劳的，这也养成了她依赖的习惯。最近，父母托朋友给她找了一家公司，可是小月干了没两天，又把工作给辞了。原因是，这份工作让自己感受不到成就感。现在小月毕业证书拿在手里，却依然待业在家。她的父母仍在给她打听各种工作机会，而小月还沉迷在网络游戏中。

　　虽然已经是20多岁的成年人，可是小月却没有什么责任感，如果父母不给做好饭，在家上网的她可以一天只靠吃方便面度日。谈到自己的孩子，小月的父母也多是责怪，但是每次过后，他们依然会替她办一切的事务。（摘自《新闻晨报》）

　　讨论

　　1. 你认同小张的观点吗？为什么？

　　2. 你觉得小月如此依赖父母，原因是什么？

　　3. 你认为应该如何解决独立意识强，自立能力弱的矛盾？

2. 理想很丰满，现实很骨感

　　面对无限可能的未来，许多大学生都有自己的梦想和规划。"在高中时代，梦想压在心底，准备到大学后再让梦想好好绽放，但是到了大学才发现：原来理残酷的，梦想不是那么好实现的，我们要做的、要学的东西太多太多，感觉没办手，怎么办？"这是许多大学生心理的真实写照。面对这样的难题，有的大学生能静下心来，把梦想悄悄地收藏起来，踏踏实实地学习、实践，增强自己的能力，一步一步地做好实现梦想的所有准备；也有的大学生泪奔了，失望了，对梦想失去了兴趣，逐渐丧失了人生的目标，过上了浑浑噩噩的日子；还有的大学生过上了凌乱的生活，参加太多的社团、做太多的兼职、每天奔波忙碌，但是最后停下来的时候，才发现什么都不是自己真正想做的，自己的梦想究竟是什么？陷入了深深的迷茫……

3. 自我感觉与实际情况错位

我们对自己的感觉经常会跟自己的实际情况有差异，这是正常现象。但是如果这种差异太大，甚至跟实际情况完全不同，则会出现自我感觉错位的现象：有时是把自己看得太高了，盲目自信，脱离实际，出现"自我感觉良好，实际情况糟糕"的情况；有时又把自己看得太低了，过于自卑，只看到自己的不足，甚至会有"人生无望"或"破罐破摔"的心态。大学生在追求自我独立的过程中，对于自我意识还缺乏较为全面深刻的理解，常常会产生这样的错位情况。

案例分析

名校大学生因自卑沉迷网游

"我觉得我把自己弄丢了，把那个曾经自信、积极、乐观向上的自己弄丢了。在这里，我觉得我只是一只小蜗牛，渺小而卑微。"带着家人的期盼，乡亲们的祝福，沈小军在锣鼓欢送中来到了他心中神圣的殿堂——一所全国知名的高校。随着时间的推移，刚入学时的新鲜感和自豪感已渐渐被消磨殆尽。

如今的他，虽然身在名校，接受着外人的仰视，但他对自己的所有评价都是一般般——学业平平，社会工作平平，长相平平，家境平平，人际关系平平……在他的眼中，周围的同学都那么优秀，要么是学术大牛，要么是社会工作大牛，要么是人缘特好的微笑天使……总之，大家都有属于自己的亮点，去吸引周围人的眼球，唯独他，似乎一直会被别人轻易忽略掉。意识到这件事，让曾经也是人群中佼佼者的沈小军有些无法接受。

因为自卑，沈小军渐渐变得玩世不恭，表面上似乎对什么都满不在乎，也不再积极参加各种活动。面对校园里五花八门的比赛，他一律在心里默念"参加了也不会有结果"后，便忘得一干二净。沈小军在学业上也变得马马虎虎，只求通过，大部分时间都醉心于网络游戏中。他宁愿认为，成绩不佳是因为自己不在乎、不努力而没有收获。他不想面对自己努力之后仍然没有结果的局面，害怕那会摧毁他心中仅剩的最后一点幻想。

讨论

1. 你认为沈小军自卑的原因是什么？

2. 如果沈小军继续这样自卑下去，将来可能会怎样？

3. 你认为应该怎样才能正确看待自己？

4. 渴望交往却又自我封闭

离开生活多年的地方来到大学，告别昔日的同学朋友，远离亲人，大学生入学时往往会陷入孤独寂寞。因此，渴望交往，希望建立友谊是大多数同学的共同心声。有的同学能够敞开心扉，主动和他人交往，建立新的友谊，和伙伴们共同学习、生活。但是有的同学却因为种种原因把自己封闭起来，不愿积极主动结交新朋友，甚至不能接纳他人的主动接近，他们只能和以前的朋友联系，但是因为时空的阻隔，一些过去的朋友由于缺乏交集，难免走向生疏。既不能结交新朋友，旧友谊又难以为继，部分大学生日渐"孤独寂寞愁"，由此引发的其他问题也越来越多……

📖 案例分析

大学生沉迷社交网络　现实交际能力低下

升入大二后，北京某高校学生小周突然发现自己越来越不愿在众人面前开口讲话了。"感觉在大家面前讲话很累，也懒得去参加校园活动，总觉得那些活动很无聊。"小周说。

但同时，网络社交空间中的小周，却是另一种表现。在人人网、微博、微信等社交空间中，他与别人频繁互动，经常就一些话题聊得热火朝天。小周说，自己在现实和虚拟世界中，完全是两个人，一个内向，一个外向。记者调查发现，像小周这样呈线上线下"分裂"状态的大学生，不在少数。

网络内外，为什么会有这样的反差？小周自己认为，促使自己沉迷网络社交的催化剂，是大一时和别人发生的一些口角。那时，小周是学院学生会的成员，经常组织活动，和陌生人接触频繁。有时工作协调不顺，双方又都是年轻人，一有火气就难免吵架。经历了几次之后，小周心里觉得很累，为了这些琐碎的事情去跟人吵架，他觉得没有意义。

"但是在网上就不一样。"小周说，"其实网上骂起来比真人厉害多了，很粗俗，但你觉得烦就可以把对方删掉，再也不用和他打交道了"。此外，小周认为，在网络中可以不考虑对方的身份，可以有什么说什么，这是在现实中无法做到的。"我不想让自己心太累，也不想为人情世故费太多精力，所以对现实社会中的交际多少有些逃避。"小周说。

讨论

1. 你支持小周这种借网络来逃避现实的做法吗？为什么？

2. 网络交际和现实交际一样吗？为什么？

3. 现实交际能力低下会有什么后果？

二、大学生常见的自我意识偏差

自我意识偏差是指个人不能正确地认识和评价自我，不能站在正确的角度来看待自己，从而出现内心的自我感受与客观的现实自我不一致的现象。这就像戴着一副不合适的"眼镜"来看待自己、看待自己和周围的关系，你看到的将是不真实的东西，如果戴着这样的眼镜去走路，容易磕磕碰碰，甚至给自己带来危险。严重的自我意识偏差可能带来更多的挫折，引发不必要的负性情绪，导致人际交往和生活适应困难，影响心理健康。

大学生是比较容易产生自我意识偏差的群体。因为许多大学生刚开始独自生活，刚开始以相对独立的视角来看待自己，还不能很客观地看待自我。在大学之前，我们许多人不仅在物质上依赖父母，在看问题时也很依赖父母，对于如何看待自己，父母的意见也深深地影响和左右着我们。到了大学，我们就像是刚刚脱离父母拉着我们的手，要自己去看方向，要自己去走路，难免会有些磕磕绊绊，甚至走错方向。

案例分析

说话口音重遭同学调侃　大学新生自卑欲退学

小陈来自某偏远地区，乡音难改，同学们常拿她的口音来说笑。本无恶意的玩笑，小陈却觉得下不来台，心情郁闷。

"曾经的骄傲到大学后荡然无存"，小陈说，高中时，她成绩很好，老师喜欢，同学拥戴。小陈是村里少有的大学生之一，得知她要去上大学，几乎全村父老聚集到村口送行。然而，这种自豪感在大学报到的当天就没有了。那天，小陈孤单一人带着简单的行李到学校，看到宿舍的同学都前呼后拥，不少同学还是父母开着私家车送来的。晚上的宿舍"卧谈"，同学们也不自觉地炫耀着各自的家庭情况。小陈想到自家的贫困，心中越来越不是滋味。"突然很想家，想退学。"

同学们谈论流行时尚话题，小陈插不上话，而自己觉得很好笑的事情，讲给同学听，竟无人回应。就连让她引以为豪的高考成绩，在班里也只算是一般，从小学到中学都是班长的她，竞选班干部也失败了。"原来那种在哪里都是中心的感觉没有了，好像自己被孤立了。"小陈说，这让她心里失衡。但为维持自尊，她平日里尽量装作没发生什么事情一样，硬撑着对别人微笑，但心里已无法承受。（摘自《重庆晚报》）

讨论

1. 小陈的难言之隐是什么？

2. 面对心中的难题，小陈是怎样应对的？你觉得她的应对方法有效吗？

3. 你觉得小陈应该怎样去做？

我们既要认识到自我意识产生偏差是情有可原的，是难以避免的，又要认识到如果自我意识偏差过于严重，或不断发展，将导致严重的后果。在此基础上，我们要认真学习不同的自我意识偏差现象，争取在生活中能主动发现自己的自我意识偏差，并有意识地加强自我调控，或者适时地寻求心理援助。这样我们就能平稳、顺利地度过大学时代，并且能够确立较为理想的自我意识，为以后的发展奠定坚实的基础。

大学生常见的自我意识偏差有以下几种。

1. 过度自我拒绝

自我拒绝是指对自己的缺点和错误不能容忍、不能接受的一种心理现象。自我拒绝是一种正常的现象，因为现实中的自己永远无法达到我们心目中那个理想自我的境界，肯定会有一些不足的地方。适度的自我拒绝对我们的自我意识也是有好处的，它能让我们意识到自己还有许多不足的地方，可以引导和督促我们去不断完善自己，提升自己的能力和境界，避免我们自我感觉过于良好，不求上进。

但是过度的自我拒绝则是一种自我意识偏差，它表现为不符合实际地把自己的各个方面都看得很低，认为自己一无是处，是一种对自我的全面否定和过分拒绝。过度自我拒绝容易导致看不到自己的价值，缺少自信，自我厌恶，当机会来临的时候不敢去争取，当遭遇失败的时候会过度自责，在人际交往方面易引发自我封闭，从而引发各种心理问题。

2. 过度自我接受

自我接受的含义与自我拒绝正好相反，是指个人对自己的才能、优点和长处等抱着肯定和认可的态度，对自己的缺点和不足也能客观看待、坦然接受。自我接受是心理健康的重要表现之一，它能够帮助我们保持对自己、对人生的信心，使我们能够体验到生活的幸福和美好。当我们遭遇挫折时，自我接受能使我们客观地看待失败和错误，保持积极的态度，不被挫折击垮。

但是过度的自我接受则是一种自我意识偏差，表现为过高地看待自己，认为自己什么都好，什么都强，甚至把自己的缺点当作优点，把自己的错误看作成就。过度的自我接受容易导致我们完全满足自己的现状，无视自己的缺点和不足，缺乏危机感，不思进取。也可能导致自己过分看重自己，高估自己的能力，去做一些自己根本做不到的事情，结果往往导致失败，经历过多次这样的失败后，要么变得看不起自己，走向另一个极端，要么把责任推给他人和社会，怨天尤人，心怀怨恨。总之，过度自我接受也易引发各种心理问题。

案例分析

大学混日子　求职定碰壁

山西大学生徐鹏非想到过找工作难，但没想到会这么难。

徐鹏非一开始也把找工作难归咎于客观原因，诸如，大学盲目扩招、企业用工制度不合理等。然而，一次面试时，用人单位毫不留情地以他两门专业课不及格为由，将他拒之门外。这次经历提醒他，更多的原因需要从自身找。

上网、看电影、谈恋爱、睡懒觉、逃课，这5个关键词概括了徐鹏非的大学生活。他说，大一用一个月的时间复习考试，大二用两个星期，大三用一个星期，到了大四则干脆头一天晚上临时抱抱佛脚。其余时间，日子过得轻松、自由、悠闲。他自嘲说现在自己专业知识薄弱、没有独立研发能力、没有社会实践经验……"这样水平的我，找到工作才奇怪呢。"（摘自《新华每日电讯》）

讨论

1. 徐鹏非为什么会过上混日子的大学生活？原因是什么？

2. 你觉得大学是用来混的吗？为什么？

3. 你认为自己会像徐鹏非一样求职碰壁吗？为什么？

3. 自我中心

自我中心是指为人处事都以自己为中心，不能站在他人的角度客观地看待问题。在生活中一般表现为：认为他人必须无条件满足自己的要求，不能换位思考，不懂得尊重他人。自我中心容易导致不理解他人、不尊重他人，过度自恋，甚至不惜贬低他人来满足自己的自尊心；在取得成绩的时候认为都是自己的功劳，在遭遇失败时认为都是别人的错；不能关心他人，只注重自己的得失，不考虑别人的感受。

自我中心对人际交往会有很严重的阻碍，极易导致人际冲突和矛盾，难以建立正常的人际关系，常常导致疏离他人、自我封闭，在学校中表现为不合群，孤僻，毕业后走向社会，常常会和同事、领导搞不好关系，难以维持工作的稳定与和谐，难以适应社会。

案例分析

我行我素的小李

大学生小李是个个性十分独立要强的人，凡事都要求别人认同和配合自己。有一次和室友讨论问题，因为对方和自己意见不一，就开始破口大骂。自己经常忘带钥匙，有一次进不了寝室门，室友又刚好出去，心里就很难受，迁怒室友，觉得他不应该随便乱跑。室友都觉得小李很难相处，小李知道室友的感受，但依然我行我素。

讨论

1. 室友为什么觉得小李难相处？

2. 你觉得小李应该如何改变自己？

4. 过分追求完美

追求完美是促使人不断超越的良好心态。但是过分追求完美则是自我意识偏差的一种表现，是指不顾客观实际地苛求自己在各个方面都表现完美，不能容忍自己情有可原的、不可避免的失误和不足。

📖 案例分析

女大学生为减肥节食 3 年　一睡不醒至今昏迷

"从今天起，我要过午不食，直至瘦到 85 斤！"3 年前，阿婷向室友宣布开始了她的减肥大业。"她每天早上吃一片全麦面包，中午吃半碗饭堂 3 毛一份的米饭，一份青菜，饿了就猛灌水，晚上只吃青瓜、西红柿。"阿婷的舍友回忆阿婷那一段的恐怖经历，"不到一个月，她真的瘦了，1 米 65 的她从 115 斤瘦到 95 斤。"

阶段性胜利之后，阿婷脸色苍白泛黄，开始下一段更疯狂的减肥。阿婷选择各种减肥方法一起用，"她吃过减肥药，喝过减肥茶。也试过几天只吃水煮青菜，午饭米粒数着吃"。1 年后，阿婷急剧消瘦，手臂上长起了绿豆大的斑点，慢慢延伸到腿上、脸上，"看起来像是老年斑，露出的手臂能看到皱纹"。

阿婷住院了，被诊断为胃衰竭，近半年后才重返学校，大家都认不出她了，不久她浑身都肿了起来。阿婷变得沉默安静，独来独往，但节食已成习惯，很难改变，并开始厌食，去年 2 月的一个夜晚，她睡着之后再也没醒过来。（摘自《南方都市报》）

讨论

1. 阿婷不停减肥的背后是一种什么心理？

2. 阿婷过度减肥带来了什么危害？

过分追求完美的大学生，典型的表现为参加众多的社团活动，在多个学生组织工作，同时还要报名参加许多比赛，再加上学习、做兼职，生活每天都像在战斗一样。短时间内会觉得很充实，很有干劲，但时间稍长，就会觉得精力不足，疲于在各种任务中奔命，东弄一下，西弄一下，什么都想做好，但什么都做不好。有的大学生对某件事情表现出异乎寻常的执着，容不得一点点的瑕疵，总是强迫自己不断重复去做这一件事情，甚至为了这件事情影响到了正常的生活。还有的大学生不仅对自己要求过于严苛，同时也过分要求他人追求完美。过分追求完美容易给自己和他人带来巨大的压力，在这种压力下时间久了，就会对自己和他人产生怀疑，产生急躁、低落的情绪，不利于人际关系，严重影响身心健康。

第三节　大学生自我意识的调适与完善

自我意识的发展过程中，出现一定的偏差是正常的现象，关键在于我们如何去发现自己的自我意识出现了偏差，并且如何对偏差进行有效的调适，使自我意识回到正确的轨道上来。那要怎样才能做好自我意识的调适呢？总的原则有三个：一是不断学习，提高自己的文化知识水平。《礼记》中说："学然后知不足。"只有通过不断的学习，我们才能够发现自己的不足之处。二是加强交往，多和他人交流沟通。以人为镜，可以明得失。很多时候我们自己要发现自己的不足之处是很难的，但是通过别人来了解自己却很容易。因此，我们要多和别人交往，"当局者迷，旁观者清"，我们要正确看待他人提出的意见，就算是反对自己的意见，我们也要认真思考，采纳其中合理的部分。三是勇于实践，在实践中发现自己的长处和短处，在实践中历练自己。俗话说："不经一事，不长一智"，实践能告诉我们许多书本上学不到的东西，实践也能让我们检验自己的自我意识是否正确，关键是在实践的过程中要不断地总结自己。

一、大学生自我意识的理想状态

要对自我意识进行调适，首先要明白什么样的自我意识才是理想状态，然后才能找准调适的方向和目标，才能做到"有的放矢"。每个人的自我意识千差万别，良好的自我意识并不是一模一样的，但是我们可以发现，有一些特点是良好的自我意识所共同具备的，在自我意识调适中，朝着这些方面努力，就会逐渐接近自我意识的理想状态。

第一，自我意识要客观。就是自我意识要跟自己的客观实际相符合，避免出现自己各方面都还不错，却认为自己一无是处，或者自己有不少缺点和不足，却总觉得自己哪哪都好、高人一头的现象。

第二，自我意识要全面。自我意识包括生理自我、心理自我及社会三个方面，一个完整的自我意识必须对各个方面都有思考、有认识，才能从各个角度全面地了解自己，避免以偏概全。

第三，自我意识要明确。即对自己的认识要力求清楚、明晰，对自己的能力有多强、素质有多高，要尽量明确，不能只是"我应该还可以吧""我还行""我觉得自己不好"等含糊的认识。要弄清楚自己是哪些方面强，强到什么程度，自己是哪些方面弱，又弱到什么程度。

第四，自我意识要协调。自我意识包括自我认识、自我体验和自我调节三个层次，这三个层次要协调一致，自己觉得自己学习能力不强，感到有些焦虑，就要想办法提高学习能力，而不能坐以待毙、浪费时间，或者只依靠放松、玩乐来放松心情，这样解决不了问题。

第五，自我意识要积极。自我意识不只是自我批判，也是自我赞美，不要只看到自己的缺点和不足，而要同时看到自己的优点、长处。在此基础上，要对自己的未来充满信心、充满希望，因为缺点我们可以去改正，不足之处我们可以去弥补。展望未来、规划未来的同时，我们要利用好现在的时间，抓住一切可能的机会，踏踏实实地去实践，一步一步去完善自我、提升自我。最后，不要忘了生活是美好的，有时候不要太过执着于自我，放眼周围，你能看到很多美好的事物。

二、大学生自我意识完善的途径

要完善我们的自我意识，除了要了解什么才是自我意识的理想状态，知道努力的目标，还要找到正确的途径。各种途径都有其优劣，我们要综合各种途径，多管齐下，才能多方面了解自我、完善自我。

1. 认识自我的途径

客观全面地认识自我是自我意识完善的基础，认识自我的途径主要有以下几种。

第一，通过反思认识自我。反思是对自己的言行举止、思想观念进行思考和评价。反思是认识自我的基本途径，如果一个人不懂得反思，就不知道自己说话做事正确与否，也不清楚自己有什么值得改进之处。在反思的过程中要学会全面地、辩证地看待自己，不能以偏概全。

第二，通过与他人比较认识自我。他人是我们的一面镜子，与他人比较能帮助我们对自己定位，看清自己的地位和实力。在同他人比较的时候，要注意三点：一是比较的对象要有选择性，要选择那些与自己实际情况相似的人，因为他们的经验和教训会比较有参考意义；二是比较的内容应是自己可以去改变的东西，比如，努力的程度、思维方式、学习的成绩等，而不要去比较那些自己根本改变不了的东西，比如，家庭条件、身高长相等，否则只能越比越没自信，或者越比越自负；三是比较的过程中要保持客观，不能只是"以自己之长比别人之短"，也不能只是"以自己之短比别人之长"，因为客观现实中没有完美无缺的人，自己如此，他人也是如此。

第三，通过他人的评价认识自我。自己评价自己多少带有主观性，因此，他人的评价就更值得我们去重视，但是不要只听一时一人的意见，如果不同的人在不同的时间对我们都有比较一致的评价，那我们就要认真反思，可能大家对我的意见的确是对的。再有，对重要他人的意见也要比较重视，比如，父母、老师等，对他们的意见也要多加考虑。

第四，通过与自己比较认识自我。以前的我和现在的我是不一样的，跟自己的过去比较，能够反映自己取得了哪些进步，又有哪些地方变差了。现在的我和理想的我也是不一样的，跟理想的我比较，能够知道自己有哪些方面还有差距，还需要改进。

第五，通过实践的过程和结果认识自我。实践出真知，通过实践我们能够真真切切地感受到自己的能力如何，自己考虑问题是否成熟周到，自己在压力和困难面前是否坚强等。所以我们要抓紧在校期间的机会，多方面去尝试、去实践，同时多反思。

2. 悦纳自我的途径

悦纳自我就是要保持阳光的心态，即无论自己有多失败，有多不如意，都要相信通过努力可以改善自己，同时无论自己有多成功，有多值得骄傲，都要明白山外有山、人外有人，自己还有不足，还有上升的空间。悦纳自我是发展自我、完善自我的强大动力，只有悦纳自我的人，才能完善自我意识，保持心理健康。

第一，接纳自己的优缺点。在生理自我、心理自我、社会自我各方面都要接受自己，无论是自己的性别、长相、身高，还是自己的性格、气质，抑或是自己的家庭、社会关系、经济状况，因为这些东西，有的是自己无法改变、不能选择的，不接纳只会产生无穷的烦恼；有的可以自己去完善、去改进，在接纳自己的基础上去改进自己，可以体现出自己的人生价值。每个人都是独一无二的，都有他人无法替代的存在价值，我们要把这些潜在的价值挖掘出来。

第二，允许自己犯错误。智者千虑，必有一失，何况我们大多数都还不是智者。所以当我们犯错误的时候，要正确地面对，不应该过于紧张和焦虑，也不应该毫不在意，不管不问，而应该勇于承认错误，知错就改，认真反思自己为什么会犯错误，总结教训，争取下次不要再犯。

第三，正确看待成败得失。做事情的成败一方面能够在一定程度上反映我们的能力、素质等；另一方面，我们又不能只以成败论英雄。因为影响成败的因素很多，比如，自己的能力、努力程度、任务的难度、客观条件、运气等。因此，在面对成败时，要认真思考，究竟是什么因素导致的成败，如果主要是自己的能力、努力等，就要吸取经验教训；如果主要是任务难度、客观条件、运气等，则大可"胜不必喜、败不必悲"。

3. 调控自我的途径

第一，设置合理的调控目标。在正确认识自我、积极悦纳自我的基础上，我们应该根据自己的实际情况设置合理的调控目标，比如，自己的身体不够强壮，我们就要调整自己的作息，安排一定的体育运动；自己某方面的能力不足，就要多看这方面的图书资料，多跟这方面有特长的同学请教。合理的目标应该是在自己现有基础上有一定的提高，不要遥不可及，也不要过于轻松。

第二，培养自己的自控能力。许多同学有理想、有目标，但是却不能实现，自控能力不足是其中很重要的原因。"胸怀万丈，躺在床上"是很多大学生的真实写照，许多大学生有远大的理想，却不抓紧时间踏踏实实地去为梦想而努力，一有困难或挫折就放弃、退缩，所以有梦想的人多，梦想成真的人少。因此，要想办法提高自控能力，培养意志品质。

三、大学生自我意识调适的具体方法

除了要掌握自我意识完善的途径，当我们的自我意识出现偏差时，我们还要懂得一些具体的方法，去有针对性地进行调适，才能更有效地纠正这些偏差。

1. 过度自我拒绝的调适方法

第一，发现优点，接受缺点。"上帝为我关上一扇门，也会给我打开一扇窗。"当我们不具备某种优点的时候，不要纠结于它，找一找自己有没有其他的优点，问问他人，也许自己也有着别人没有的优点。对于自己的缺点，不要一味拒绝，试着接受，能改变的试着改变，不能改变的就淡然处之，谁都有无奈的事情。

第二，学会积极地看待事情。"失败是成功之母。"凡事都有两面性，就算是失败，也能让我们更好地看清自己，找出改进的方向。就算是贫穷也能激发我们的忧患意识和拼搏精神。

第三，积极自我暗示。心理学研究证实：积极的自我暗示易导致积极的行为，易产生积极的结果。相反，消极的自我暗示易导致消极的行为，易产生消极的结果。所以在面对困难和挑战的时候，要暗示自己"我能行"。在面对失败的时候，要暗示自己"没关系，下次我会做好的"。

第四，尝试体验成功。首先，根据自己的情况设置合理的目标，要求不要太高，经过努力，取得成功。就算是一点点成功，也能给我们信心。然后，在此基础上一点一点地突破，这样我们的信心就能一点一点地积累起来。关键是不要退缩、不要逃避，踏踏实实地去行动。

第五，改变言行举止。言行举止能够给自己带来自信的感觉，比如，走路挺胸抬头，步伐轻快、稳健，目光坚定、正视他人，勇于表达自己等。照此改变自己的言行举止，时间长了，也会变得自信一些。

2. 过度自我接受的调适方法

第一，正确看待自己的优点。有优点是好事，但是许多优点不是一劳永逸的，成绩只能说明过去，不继续学习就会落后，资本如果不经营就会贬值。所以要有危机感，否则优点变成缺点还不知道。

第二，欣赏他人长处。不要做孤芳自赏的花朵，要懂得欣赏他人的优点和精彩，适当地表达赞美，"以人之长，补己之短"。

第三，接受他人的合理意见。自己很难发现自己的缺点，多倾听别人的意见，你就能发现自己还有不足之处。认真对待他人意见，如果是合理的，就要接受，对自己不足的地方，要敢于承认，虚心改正。

3. 自我中心的调适方法

第一，学会尊重他人。树立平等观念，不要"唯我独尊"，学会尊重他人，才能够得到他人的尊重。

第二，换位思考。试着站在对方的角度考虑问题，体会他人的感受，待人处事时追求互利共赢，将心比心。

第三，勇于承担责任。当遇到困难和矛盾时，如果确有属于自己的责任，一定不要推给别人，而要勇于承担。这样才能成为一个有担当的人。

4. 过分追求完美的调适方法

第一，追求完美，但不苛求完美。人不可能十全十美，我们要追求完美，但很多事情我们无法控制，如果苛求完美就是偏执了。

第二，注意细节，但不纠结细节。待人处事时要注意细节，但过于纠结于细节就会忽略整体，所以要有整体的观念，不要在某一细节上过分追求完美，而忽略了其他方面。要避免"捡了芝麻，丢了西瓜"。

第三，学会适当宽容。宽容能减轻压力，当自己压力太大时，不妨宽容一下自己，适度放松。当自己对别人要求过于严苛，使别人压力过大时，不妨宽容他人。

本章小结

★ 自我意识是个体将自己与他人、与世界进行区分的第一步。

★ 认识自我的任务是伴随个体人生发展的重要命题。

★ 自我意识明确将促进个体的内部和谐以及与他人的和谐。

★ 认知自我、发展自我、完善自我——成为你自己。

思考题

1. 过度自我拒绝和过度自我接受有什么表现？如何调控？

2. 自我中心有什么表现？如何调控？

3. 过分追求完美有什么表现？如何调控？

【团体心理辅导】大学生的自我意识

一、活动的主题与目的

活动主题：认识自我。

活动目的：提高大学生的自我意识，让参与者能够得到更全面的、更深刻的自我评价。

二、活动的理论依据

美国心理学家 Jone 和 Hary 提出了关于自我认识的窗口理论，称为乔韩窗口理论，即每个人的自我都有四个部分，就是公开区、盲目区、隐秘区、未知区（见表 3-1）。

表 3-1　自我认识程度的区分

		自　己	
		知道	未知
他　人	知道	公开区	盲目区
	未知	隐秘区	未知区

公开区是指自己自知，而别人也知道的部分，如一个人的外向性格；隐秘区是指自己知道。而别人不知道的部分，如自己内心的某种伤痛；盲目区是指自以为是、而被别人看透的部分，如一个人自以为很聪明，而众人却认为他刚愎自用；未知区是指自己和别人都暂时未认识到的部分，如一个人具有某种未被激发出来的潜能。

通过与他人分享秘密的自我，通过他人的反馈减少盲目的自我，个人对自己的了解就会更多和更客观。

三、活动的内容与方法

通过自我测试、团体训练等方法，使参与者更加了解自己。

1. 游戏一：自画像

游戏原理：自画像可以反映一个人的自我意识。在绘画心理学中，自画像是通过图画中的自己来反映人的原始本能或内在情感的分析方法。通过画面中人物的构图和具体形状，可以分析出个体目前的精神世界和物质世界的状况，了解绘画者对自己的评价和看法。

活动时间：15分钟左右。

活动道具：彩色笔和A4白纸。

活动场地：室内，配有桌椅。

活动程序：

(1)主持人发给每个参与者一张A4白纸，把彩色笔放于场地中央，供需要者自由取用。

(2)在8分钟内，每人在白纸上画一幅"自画像"。

(3)剩下的时间，相互交流讨论"自画像"的含义。

(4)主持人可以就参与者中的典型案例做全体分享。

注意事项：

(1)主持人可以提示大家，"自画像"可以是肖像画，也可以是抽象的比喻画；可以是以单色笔画成，也可以是多色笔画成。

(2)有的参与者会因为自己的绘画技能较差而感到为难，主持人要提醒大家，这只是一个游戏，而不是绘画比赛，只需凭借自己的感觉画画就可以。

(3)主持人在点评典型案例时，可以就"自画像"的大小、位置、色彩、内容以及绘画者的神情等进行讲解。

2. 游戏二：探索自我概念

游戏原理：通过"自己眼中的'我'"和"别人眼中的'我'"进行对比，取得更全面的、更客观的自我评价。

活动时间：20分钟左右。

活动道具：笔、"我是谁"活动单、投射练习表。

活动场地：室内，配有桌椅。

活动程序：

(1)请参与者填写"我是谁活动单"5分钟。

请以"我……""我是……""我要……""我曾……""我可以……""我想……"等句型写下10个足以描述自己的句子，并在括号内填写1～10。

[　]_____

[　]_____

[　]_____

[　]_____

[　]_____

[　]_____

[　]_____

[　]_____

[　]_____

[　]_____

(2)请参与者填写"投射活动表"5分钟。

1. 假如我是一种动物，我希望是_____　因为_____
2. 假如我是一朵花，我希望是_____　因为_____
3. 假如我是一棵树，我希望是_____　因为_____
4. 假如我一种食物，我希望是_____　因为_____
5. 假如我是一种交通工具，我希望是_____　因为_____
6. 假如我是一个电视节目，我希望是_____　因为_____
7. 假如我是一部电影，我希望是_____　因为_____
8. 假如我是一种乐器，我希望是_____　因为_____
9. 假如我是一种颜色，我希望是_____　因为_____
10. 假如我有一种特异功能，我希望是_____　因为_____

(3)每个参与者将自己的活动单与左右同桌交换，并自由交谈5分钟。

(4)活动整合。请同学回答以下问题：

①你的"主观我"和"客观我"统一吗？

②你在别人眼中看到了多少自己还不了解自己的地方？

③你的同桌的自我评价在你看来客观吗？你是否对他们的自我评价有不同的看法？

3. 游戏三：探寻自我

(1)探寻人际关系中的我。填写第一张表格，用一句话来描述不同的我。

用一句话来描述自己
父母眼中的我：
亲戚长辈眼中的我：
老师眼中的我：
同学朋友眼中的我：
现实生活中的我：
自己理想中的我：

(2)探寻自我的优缺点。填写第二张表格，写出自己的优缺点(各写三个)，为什么会有这些优缺点，以及这些优缺点对自己有什么影响。

我的优点 1	
为什么我会有这个优点？ 这个优点对我有什么好处？	
我的优点 2	
为什么我会有这个优点？ 这个优点对我有什么好处？	
我的优点 3	
为什么我会有这个优点？ 这个优点对我有什么好处？	
我的缺点 1	
为什么我会有这个缺点？ 这个缺点对我有什么限制？	
我的缺点 2	
为什么我会有这个缺点？ 这个缺点对我有什么限制？	
我的缺点 3	
为什么我会有这个缺点？ 这个缺点对我有什么限制？	

(3)现实的我和理想的我。填写第三张表格，先描述现实中的我，再畅想理想中的我，最后思考怎样使现实中的我向理想中的我靠拢，写出从哪些方面去改变自己。

1. 现实中的我	2. 理想中的我	3. 从哪些方面去努力改变自己

【课后导读】

[1] 张大均，吴明霞. 大学生心理健康[M]. 北京：清华大学出版社，2007 年 9 月版.

[2] 臧全金. 赢在大学[M]. 北京：求真出版社，2010 年 8 月版.

[3][奥] 阿德勒著，文韶华译. 走出困境的十五堂心理课[M]. 杭州：浙江人民出版社，2009 年 4 月版.

第四章　完善自我
——人格认知与积极人格培养

学习目标

※　**能力目标**
- 认识自身人格的发展状况、特点及原因
- 初步掌握培养积极人格的方法

※　**知识目标**
- 理解人格的基本概念
- 理解影响人格发展的因素

※　**素质目标**
- 培养积极人格，提升人生境界

引　言

　　"有的人活着，他已经死了；有的人死了，他还活着……"大家是否还记得这首中学语文教材上的诗歌？它描写的前一种人如行尸走肉，毫无价值；而后一种人虽死犹生，精神长存。这恰恰体现了人格的巨大差异：有的人人格境界很低，为人厌恶和唾弃；而有的人人格境界很高，被大家仰慕和赞扬。当下，社会持续发展，竞争激烈，人才之间的竞争，不仅是专业素养的竞争，更是健全人格的竞争。大学阶段正是每个人人格发展、走向成熟的重要阶段。面临着社会身份的巨大转变、文化与价值取向的多元化，大学生的人格发展常出现矛盾、迷茫和冲突，部分同学甚至存在着一定程度的人格缺陷。"我的人格有什么特点？""我的人格发展状况如何？""是什么造就了我的人格？""怎样完善自己的人格？""怎样提高自己的人格境界？"……本章将带你认识人格的概念，了解人格的特点、发展状况，并引导你培养自己的积极人格。

小 故 事

百鸟朝凤的传说

很早以前，百鸟住在一座大森林里。每天，它们吃饱了就唱歌跳舞、追逐嬉闹，玩得非常痛快，大家过着无忧无虑的日子。

有一只很不起眼的小鸟，名叫凤凰。它不像别的鸟那样吃饱了就玩，而是从早到晚采集果实，总是闲不住。凤凰把别的鸟扔掉的果子，一颗一颗捡起来，收藏在山洞里。看到它的一举一动，喜鹊讥笑它是"财迷精"，乌鸦也讽刺它是"大傻瓜"。听了这些冷言冷语，凤凰既不生气，也不灰心，还是照常奔忙不息，干着群鸟瞧不起的工作。

这一年，森林里发生了大旱灾，山上的草烤枯了，树上的叶子烤焦了。百鸟找不到吃的，饿得头昏眼花、奄奄一息。一天，凤凰从很远很远的地方采食归来，看见这光景，它急忙打开山洞，把自己多年积存的果子分给了百鸟，使大家渡过了难关。

百鸟为了感谢凤凰的救命之恩，每只鸟都从自己身上选一根最漂亮的羽毛，集在一起，做成了一件五光十色、绚丽耀眼的百鸟衣，献给了凤凰。从此，凤凰成了最美丽的鸟，大家一致推选它当了鸟王。每逢凤凰生日那天，百鸟都飞来向它祝贺。

点评：是什么使凤凰从一只普通的小鸟变成了鸟中之王？不只是它的勤劳，不只是它的宽容大度，也不只是它的善良慷慨。能够成为王者的，必然在个人格上有超越常人之处。正是人格的魅力使凤凰成了王者。古往今来那些美名远扬、流芳百世的人，他们的人格境界都超越了凡俗。而那些恶名远播、臭名昭著的人，往往也是因为人格的种种缺陷所致。那我们自己的人格状况如何？怎样了解自己的人格？怎样才能培养自己的积极人格？……修炼人格就像修炼内功一样，必须趁早，贵在坚持，当遇到瓶颈时，要敢于突破自己。更重要的是对人格要有科学的认识。

心灵引导

品格可能在重大时刻中表现出来，但它却是在无关紧要的时刻形成。

——雪莱

第一节　人格及其影响因素

人格是一个含义丰富的词，可以指人的道德品质，也可以指人的尊严或价值，但在心理学中，人格是指人所具有的比较稳定的心理特征的总和，包括思维特征、情绪情感特征、能力特征、气质特征、性格特征、行为特征等。简单来说，人格就是一个人独特的生活模式。

人格具有整体性，是一个人思维、情感、意志和行为特点的有机统一。心理学家马斯洛说："态度改变，习惯就跟着改变；习惯改变，性格就跟着改变；性格改变，人生就跟着改变。"这正好反映了人格的整体性。人格也具有独特性，人与人之间在内心或外部特征上总有或多或少的差异，因此，世界上不存在两个完全相同的个体。人格还具有稳定性，因为人格的形成不是一朝一夕的，而是在遗传、社会环境及教育等因素的综合影响下，经历时间和事件的过程中逐渐养成的，所以它也不会轻易改变。此外，人格还具有社会性，说到底人是一种社会性的动物，一个人要成为真正的人，就必须掌握某一社会的道德规范、价值观念、风俗习惯、语言文字等，否则就会像"狼孩"一样，空有人的外表，其本质则是狼，是没有人格可言的。

人格在人生发展中有着广泛而深刻的影响。人格能够决定一个人的行为方式、生活习惯、价值理念，甚至能够决定一个人的命运。在困难面前，坚强的人能够咬牙坚持、攻坚克难，懦弱的人只会退缩、不敢面对；在春风得意时，骄傲的人沾沾自喜、得意忘形，谦虚的人能保持清醒、虚怀若谷；当机会来临，勤奋的人夜以继日地向成功进发，懒惰的人游手好闲、错失良机……我们不能学喜鹊和乌鸦，对别人的努力说三道四、冷嘲热讽，我们要像凤凰那样，从日常生活中的点点滴滴做起，修炼人格，在关键时刻敢于面对、勇于付出，绽放人格的光芒。

一、人格的力量

如果说人生如戏，那么我们每个人都在这部戏中扮演着不同的角色，而人格就是我们各自角色最显著的特征。在人生之戏中，给我们留下印象最深刻的，除了那些引人入胜的情节，就要数那一个个令我们感动的角色了。在屏幕上和现实生活中，总有一些角色能让我们或者为之激动到心怦怦直跳，或者为之伤心到泪流满面，或者为之感到无与伦比的幸福……这是为什么呢？因为人格是有力量的，人格的境界越高，它所拥有的力量就越大。这种力量是看不见，摸不着的，却又是任何现实的力量所不可比拟的。就像臧克家为纪念鲁迅写的诗中所说："把名字刻入石头的，名字比尸首烂得更早；只要春风吹到的地方，到处是青青的野草。"我们大学生作为即将踏上人生舞台中央的角色，既要锻炼身体，拥有强健的体魄，也要学习知识和技能，掌握真正的本领。但更重要的是磨砺自己的人格，激发自己人格的力量，努力让自己在人生这场戏中，散发出绚烂的光彩。

当今社会是一个知识爆炸的社会，知识和技能的重要性不言而喻，但是要得到他人的认可和接纳，在社会上、在工作中站稳脚跟，还有一样东西更为重要，那就是健全的人格。近年来，有许多高学历、高技能的人才，他们拥有别人羡慕的学识和身份，按说他们应该比别人生活得更幸福，可结果却恰恰相反。比如，复旦大学的硕士研究生林某将寝室室友黄某毒杀，在受审时，他说他杀人的动机仅仅是因为"黄某开玩笑时比较得意，自己看不惯，想整他一下"。再如薛某，38岁，智商过人，曾当过公务员，多次考研，每考必中，但是贪欲熏心。近10年间，他因盗窃被抓，先后六次被捕入狱。奇怪的是，偷来的东西，他无一变卖，少部分送人，大部分放在屋里欣赏。面对记者的询问，他说："看到别人的东西好，就管不住自己，想偷来归自己所有、使用"。类似的案例不胜枚举，但总的来看，他们有的在学校就出现问题，有的即使能毕业，也难以和他人和谐相处，难以做好工作，融入社会。通过这些事件我们不难发现，他们都存在着人格上的重大缺陷：高学历、高技能的外表下，往往隐藏着他们内心的空虚、懦弱、自私、冷漠、悲观、猜疑……也因为如此，越来越多的单位在招聘高校毕业生时，首先看重的是人格，用他们的话来说，"人品是第一位的，只要人品好、对工作有兴趣，其他的可以慢慢教！"

时代不断变化，但是人格的力量却一直没有改变，今日的我们，依然能够感受到那些伟大的先辈们历久弥新的人格魅力，他们的信念、准则以及行事待人的风格，依然能使我们感动，有许多甚至已经深深地融入我们的文化中，潜移默化地影响着每个人。作为新时代的大学生，我们应该努力学习知识和技能，跟上时代的脚步，但我们也不能忽视对自身人格的培养和磨砺，拥有健全的人格，才能充分、有效地发挥自己的才能，使自己和他人生活得更幸福，也更有利于社会的和谐发展。

二、人格的内涵

人格是指一个人心理特征的总和，是对其内心总的、本质的描述。因此，人格的内涵相当丰富。美国著名的心理学家奥尔波特在20世纪30年代曾总结了前人关于人格研究的成果，概括出了50多种对人格的定义，可见，人格是一个极为复杂的概念。人格涉及人的各种心理过程，如认知、思维、行为、动机、意志、情绪等，人格也常通过人际关系、处事风格、态度信仰、价值理念等表现出来。但我们也不必感到人格难以捉摸，只要掌握了气质和性格这两个人格的主要部分，就能较好地认识和理解人格。

1. 气质

气质是表现在心理活动的强度、速度、灵活性与指向性等方面的一种稳定的心理特征。简言之，气质就是我们常说的"秉性、脾气"。比如说，一个人说话做事总是慢慢吞吞，一点也不着急；而另一个人却时时刻刻都是一副急急忙忙、慌慌张张的样子，那么，他们就很可能有着不同的气质。

许多研究者对气质进行过分类，其中影响最深远的是古希腊名医希波克拉底提出的"体液学说"。他将人的气质划分为四种类型：多血质、黏液质、胆汁质和抑郁质。多血质的典型表现：外向、处事灵活、反应敏捷、善交际、精力充沛、效率高、兴趣广泛，但易浮躁、轻率、不踏实、缺乏耐力和毅力，典型人物——孙悟空。黏液质的典型表现：内向、沉稳、谨慎、平和、认真、细心、善于忍耐、纪律性强，但易执拗、迟钝、被动、反应缓慢、保守，适应能力差，典型人物——唐僧。胆汁质的典型表现：外向、热情、率直、刚强、果敢、雷厉风行，但易冲动、莽撞、暴躁、倔强、刚愎自用、感情用事，典型人物——张飞。抑郁质的典型表现：极内向、情绪体验深刻、容易感觉到不易觉察的小事物，但较柔弱、敏感、腼腆、行动缓慢、易疲倦、孤僻、犹豫、多疑、缺乏自信，典型人物——林黛玉。我们大多数人同时具有以上四种气质的特征，只不过每个人可能其中某种气质比较突出，所以我们相互之间能够觉察到气质的差异。

气质在很大程度上是由先天因素决定的，在人生过程中比较稳定，难以改变。气质没有优劣之分，每种气质都有优点，也有缺点，关键是看在什么样的场合与情境，以及我们如何调控。学习和了解气质，有两个方面的意义：一是更好地掌握自己的气质，才能在待人处事时扬长避短。比如知道自己做事莽撞、易冲动，就要有意识地三思而后行；二是更好地了解他人的气质，有助于相互理解，建立和谐的人际关系。比如，有同学做事总是很缓慢，让人看了心急，我们就要分析是不是他的气质偏重黏液质或抑郁质，给予一定的包容、理解和帮助，不要一味地指责。

2. 性格

性格是指人在对人、对事的态度和行为方式中较稳定的个性心理特征。简单来说，就是每个人独特的观念、态度和行事风格。我们经常说某某人性格开朗、活泼、风风火火，就是说他在观念、态度和行事风格方面的特点。性格与气质主要有三个区别：一是性格主要在后天形成，受成长环境或教育的影响较大；二是性格不像气质那样特别稳定，虽然性格也不易改变，但经过长期培养，是能够转变的；三是性格有优劣之分，我们可以说某人性格好或不好，但不能说某人气质好或不好。

我们知道，气质主要有四种类型，但是性格却千变万化，俗话说"龙生九子，各有不同"，每个人的性格都可以用几十甚至上百个词来描述，因此，当比较两个人的性格时，总会有一些差异。性格如此复杂，那我们应该怎样来分析和把握一个人的性格呢？其实一个人的性格特征可以归纳为四个方面：态度特征、理智特征、情绪特征和意志特征。

态度特征主要包括三类：一是对社会、集体和他人的态度，或内向或开朗，或耿直或伪善，或热情或冷酷；二是对学习和工作的态度，或勤奋或懒惰，或认真或马虎；三是对自己的态度，或谦虚或骄傲，或自制或放任，或自信或自卑，或自尊或自贱。

理智特征主要包括三类：一是感知外界时的惯用方法，比如记笔记时，有人习惯一字不漏，完全按照老师说的来记（记录型），也有人喜欢把老师说的理解后用自己的语言来记（解释型）；有人喜欢主动去探究、去观察事物（主动型），也有人宁愿等着老师来灌输知识（被动型）。二是记忆的方式，有人擅长记文章、记画面、记音符，能够一点儿不差地背下来（形象记忆）；有人却擅长记复杂高深的理论、公式等（逻辑记忆）。三是思维的特征，面对问题，有人更愿意按照自己的想法去独立思考（独立思维），而有人却总是跟着别人的思路跑（依赖思维）。

情绪特征主要包括三类：一是情绪的强度，或不温不火或一惊一乍；二是情绪的稳定性，或忽冷忽热或波澜不惊；三是主导的情绪，有人是乐天派，有人多愁善感，有人常抑郁沉闷。

意志特征主要包括三类：一是行为自控的特征，或自律或散漫，或有的放矢或盲目随意；二是在挫折面前时，或持之以恒或半途而废；三是遇到紧急情况时，或勇敢或怯懦，或犹豫或果断，或镇定或惊慌。

分析和了解自己的性格特征，有助于加深对自己的理解，使我们知道自己为什么会这样想、这样做，我们的思想、观念和行为与别人有何不同。在此基础上，我们一方面可以更充分地发挥自己性格的优势，比如，我自己的形象记忆比较好，那我可以去学习绘画或音乐，应该会有较好的表现。同时，我们要认识到自己性格的缺陷，并尽可能加以改善，比如我自己容易骄傲，当我取得一点进步时就要提醒自己不能得意忘形。

三、人格的影响因素

是什么造成了我现在的人格？哪些因素影响着我的人格？当我们了解自己的人格后，自然会有这样的疑问。心理学研究表明：影响人格的因素众多，但总结起来主要有两个方面：先天因素和后天因素。

1. 先天因素

先天因素包括遗传因素、胚胎发育状况、出生情况等在出生时就已经确定的因素。

心理学研究表明：基因携带的遗传信息不仅决定了我们的身体机能和外部特征，而且也决定了我们的一些心理特征，如感知能力的强弱、智力和气质等。

知识链接

双生子研究

双生子研究是心理学的重要研究方法，是通过比较同卵双生子之间和异卵双生子之间在心理发展特征上的相似程度，来了解遗传和环境因素对某种心理发展特征的影响程度。同卵双生子是由一个受精卵经第一次卵裂产生两个单独的细胞，并发育成两个正常个体，其遗传基因完全相同。异卵双生子是两个或两个以上卵子同时受精，并形成双胞胎或多胞胎，其遗传基因与普通兄弟姐妹一样，有一定差别。

双生子研究表明：气质受遗传素质的影响比较大，比如，张大和张二是同卵双生子，他们在任何活动中，都是行为敏捷，动作快而且灵活，情感丰富、强烈，几乎没有差别。李大和李二是异卵双生子，李大整天手脚闲不住，总是在动个不停，说个不停，表情十分丰富；但李二却十分文静，很少有表情，爱生闷气。而性格受遗传素质的影响比较小，就算是同卵双生子(遗传基因完全一致)，如果在不同的环境下成长，他们的性格也会有比较大的差别，而异卵双生子如果在同样的环境下成长，性格也会比较相似。

孩子在母亲体内孕育的期间的发育状况和出生时的情况也是影响人格的因素之一。我们知道心理是脑的机能，神经系统的其他部分也是感知觉的重要物质条件，脑和整个神经系统的发育情况会对心理(包括人格)产生影响。准妈妈的不良情绪过多、营养不良、某些疾病、错误用药、抽烟喝酒等都会影响孩子的身心健康，有可能会影响其感知觉、智力和气质等的发展。此外，分娩的过程也可能影响一个人的气质和性格。胎儿出生时若头部受到损伤或因难产而长期阵痛，更有可能出现忧郁性格。分娩过程中有缺氧或受麻醉剂影响的婴儿，性格可能孤僻，且不善于交际。

2. 后天因素

后天因素是指个体出生以后所接受的来自环境的各种影响，主要包括家庭环境、学校教育、社会文化及重大事件等的影响。

家庭是社会的细胞，也是我们每个人生活环境中最基本、影响力最大的小环境，对人的生存和发展起着不可替代的作用。家庭的结构(如双亲或单亲、隔代家庭或核心家庭)、家庭关系(如夫妻关系、亲子关系和兄弟姐妹之间的关系等)、家庭教养方式(民主型、专制型、放纵型或忽视型)以及家庭的经济状况等都对一个人的人格有一定的影响作用。

📚 **知识链接**

四种家庭教养方式

　　1978 年，美国心理学家麦考比（Maccoby）提出了家庭教养方式的两个维度，即父母要求和父母反应。父母要求指的是家长是否对孩子的行为建立适当的标准，并坚持要求孩子去达到这些标准。父母反应性指的是对孩子和蔼接纳的程度及对孩子需求的敏感程度。根据这两个维度，可以把教养方式分为民主型、专制型、溺爱型和忽视型四种。

　　民主型父母对孩子有明确、合理的要求，他们对孩子是高度关怀和中等程度的行为控制，比较爱护孩子，态度温和，既不娇惯，也不过分严厉。

　　专制型父母对孩子的要求较严格，但是对孩子的需求常常不予理睬或态度粗暴，把自己的意志强加给孩子，强迫孩子服从自己，缺少慈爱和温暖。

　　溺爱型父母对孩子要求很低，但是过度关爱孩子，放松对孩子的行为纠正和思想教育，偏袒孩子的错误，娇惯孩子，包办代替，生怕孩子受到一点点委屈。

　　忽视型父母对孩子总是采取放任的态度，没有什么要求，也很少关心孩子的事情，对孩子的表现缺乏足够重视，不管不问，放任自流。

　　学校教育对人格的发展有深远的影响。整个学校的风气、各个班级的氛围以及我们与老师、与同学的关系都会对我们的行为习惯、理想、态度和价值观产生作用，从而影响我们的人格。

　　社会文化能够通过各种渠道影响我们人格的形成，无论是家庭环境还是学校教育，都是在一定社会文化的背景下发生作用的。随着时代的变迁，社会文化会逐渐产生变化，从而影响人群整体的人格，我们每个人都或多或少带有时代的烙印。现在我们谈论的"80后""90后"和"00后"现象就是社会文化变迁对个人产生影响的真实写照。

生命历程中总要经历许多重大的事件，有的可以预期，有的则是偶然发生的。这些重大事件往往会给我们的人生带来重大的转折。这些事件的性质不同，我们应对事件的方式不同，事件的结果不同，都会给我们带来不同的影响，也会使我们的人格发生改变。

第二节　大学生人格发展的特点

人格的整个发展过程中，可以分为三个阶段：萌芽期（从出生到青春期之前）、重建期（从青春期到青年期）和成熟期（从成年期到老年期）。大学阶段正处于人格发展的重建期，在这一阶段，伴随着我们逐渐走向独立、走入社会，我们幼年、童年和少年发展起来的最初人格正经历着翻天覆地的变化，面临着从依赖他人到走向独立自主的难题。

一、大学生人格发展的总体特点

大学生的人格发展总体呈现出两个特点：

一是从不成熟走向成熟的过渡性。表现在大学生一方面能够主动去了解、分析自己的思想观念、行为习惯等人格特征，并有意识地去发展和改善自身人格；而另一方面，由于思维还有不成熟的特点，加上社会经验和阅历不足，造成大学生的待人处事、看待问题的方式还有片面性，体现出人格还存在不健全、不完善的情况。因此，大学生要积极地参加社会实践，积累社会经验和阅历，同时不断增强理论水平，拓展看待自身和世界的角度，才能使自身人格不断趋于成熟，顺利过渡。

二是影响大学生人格发展的因素复杂多样。大学生没有完全独立，所以受到家庭的影响还比较大，同时又生活于校园中，易受到学校、同伴群体的影响，大学生开始尝试融入社会，逐渐受到社会文化、各种传媒的影响。在这么多影响因素的共同作用下，大学生的人格发展经历着来自各方面的冲击，机遇与挑战并存，常常会经历大大小小的人格障碍和人格危机，如果顺利地度过这一阶段，大学生的人格将逐渐走向成熟和完善。

二、大学生常见的人格障碍

人格障碍是指在没有认知障碍或智力障碍的情况下，个体因人格发展存在内部不协调，从而表现出情绪反应、动机和行为活动异常，并与所处社会环境相违背，妨碍个体适应社会的现象。人格障碍不是精神疾病，但是如果得不到及时有效的矫正，往往持续终生，并容易引发精神疾病。大学生常见的人格障碍有以下几种。

1. 偏执型人格障碍

偏执是指根据错误或不全面的信息，产生不恰当的观念，秉持错误的思维方式，并且固执己见，不听讲道理，认为只有自己是对的。如果经常出现偏执的状态，有可能存在偏执型的人格障碍。其主要表现为：一、猜疑心理严重，常将他人无意的过失甚至友好的行为误解为敌意、歧视，因此会有很强的防卫心理；二、容易嫉妒，对别人的身份、地位，以及受到的表扬或奖励心生不满，总觉得不公平、看不惯；三、喜欢与人争辩，不遗余力地追求不合理的"权利"和利益；四、总是把问题的责任推给别人，忽视或拒绝与自己想法不吻合的客观事实，很难讲通道理，固执己见。

2. 分裂型人格障碍

分裂型人格障碍的人常表现出明显异于常人的思维方式和行为习惯，并且一般较为内向，情感淡漠，不喜欢与人交往，缺少知心朋友，喜欢沉浸在自己的幻想中。

3. 冲动型人格障碍

冲动是一种理智被情感、情绪所蒙蔽的心理现象。冲动型人格障碍的主要表现为：情绪急躁、易怒，做事盲目性强，没有计划，缺乏坚持性，不考虑行为的后果，常表现出攻击性，容易与他人争吵或肢体冲突。

偏执型人格障碍　　分裂型人格障碍　　冲动型人格障碍　　强迫型人格障碍

4. 强迫型人格障碍

强迫是指经常不由自主地产生某种想法或行为，即使知道这样做没有必要，也无法控制自己去想、去做。强迫型人格障碍主要表现为强迫性的观念和强迫性的行为，在日常生活中表现为：一、总是感到一种莫名的不安全，如锁上门后还反复检查是否锁好等；二、过于追求完美，却常常因过于执着琐碎细节导致整件事情失败；三、做事刻板，过于循规蹈矩，不懂得变通，难以适应变化；四、对于环境是否整洁过于敏感，洁癖严重；五、不仅对自己过于刻板，也常用自己的特殊癖好来要求别人。

5. 反社会型人格障碍

反社会是指与社会的规范背道而驰的思想观念和言行。反社会型人格障碍常表现为：一、总是违反各种纪律或规范，甚至习惯于犯罪，导致不能正常学习或工作；二、对他人及社会缺乏同情心、责任感，冷酷，情感淡漠；三、对自己违反道德准则和各种规范的行为结果不在意，无悔改之心。

6. 表演型人格障碍

表演型人格习惯于用夸张的言行以吸引他人注意。表演型人格障碍的主要表现有：一、表情易夸张，习惯装腔作势；二、以自我为中心，强迫他人满足自己的要求，否则就产生强烈不满并想方设法使对方难堪；三、为吸引他人注意，常表现出异于常人的言行举止，或习惯展现特别的外貌服饰；四、情绪情感特别强烈，并且过于敏感，常表现出戏剧性的情绪变化，喜欢对自己的经历过分夸张。

7. 回避型人格障碍

回避型人格障碍的最大特点是自卑，其主要表现有：一、在人际交往方面特别自卑，渴望与人交往，但总是退缩、回避，没有或很少知心朋友；二、在与人交往时总是怕出丑，习惯沉默，不敢主动表达自己；三、对需要与人交往的活动或工作总是想方设法逃避。

8. 依赖型人格障碍

依赖是指自己应该且能够独立完成的事情却总是要求别人帮助或代替自己做。依赖型人格障碍的主要表现为任务依赖和情感依赖，具体表现有：一、缺乏自主性和决断力，总是需要他人帮助自己决定事情或进行选择；二、缺乏独立思考能力，人云亦云，总是听从别人的看法；三、特别害怕独处，极力避免孤独；四、为了讨好别人，使别人能陪伴自己，宁愿去做自己不愿意去做的事情；五、经常觉得自己被抛弃，对亲密关系的终结感到绝望和无助。

表演型人格障碍　　　　　回避型人格障碍　　　　　依赖型人格障碍

第三节　大学生人格的完善

俗话说"冰冻三尺，非一日之寒"。我们每个人的成功或者失败也不是一天能够铸成的，而是由我们的天赋，更重要的是由我们每一天、每一秒的生活状态所导致的。而我们每个人的生活状态的不同，很大程度上是由我们的人格差异所导致的。

来自边远农村贫困家庭的学生很多，其中受到他人冷遇或漠视的也不少，但是他们绝大多数都没有去作恶。这是为什么呢？是因为人格的差异。这就像我们面对一条难走的路，有人能够克服困难，走过荆棘和坎坷，最终到达目的地，并且拥有了其他人没有过的经历，自己造就了自己的幸福；但是有的人却怨天尤人，嫉妒甚至仇恨那些有好路走的人，心中生出"我不好走，也不让你好走"的怨念，做出恶行，给别人带去灾难，也给自己留下痛苦和悔恨。

其实生活本来没有想象中的美好，总会遇到许多的不如意之处，这是生活给我们的考验，通过考验，追求人格的完善，我们人生的价值和风采才能够体现出来，我们才能创造出属于自己的美好生活。

一、人格健全的标准

什么样的人格才是健全的人格？许多心理学家都提出过自己的看法，但有几条标准是大家都认可的，可以作为我们的参考。

第一，充分了解自己，能对自己做出客观公正的评价，能正确看待自己的优点和缺点，不自卑，也不自负，拥有恰当的自信心；

第二，有符合实际的生活目标，能根据自己的情况和周围环境的条件对未来进行合理规划，充满希望，并为理想而切实努力；

第三，能恰当、适度地表达自己的情绪，用理智控制自己过于强烈的情绪；

第四，乐于与他人交往，能够与陌生人建立交往关系，并能建立和维持亲密的关系，能与人有效合作，能较好地融入集体；

第五，具备良好的社会适应能力，遵守社会规范，与社会保持密切接触，能随着社会的发展变化不断更新思想、行为，紧跟时代的发展；

第六，身心和谐发展，气质、性格、兴趣、爱好、动机、才智、人生信念等保持协调，言行一致，能及时调整自己与外界环境的关系。

第七，在社会允许的范围内，能充分发挥自己的天赋及智慧，个性能够自由发展，具有一定的创新、创造能力。

二、大学生培养积极人格的途径

培养积极人格不是一件容易的事情，要达到上面的这些标准，也不可能一蹴而就。关键在于对自己的人格保持信心，相信通过努力，自己能够变得更好，同时能够坚持不懈地努力，从日常生活中的点点滴滴做起，进行人格的修炼。那么我们能够从哪些方面着手培养自己的积极人格呢？

1. 认识自己的人格，接纳自己的人格

要想完善自己的人格，必须先全面地认识自己的人格，否则就会像盲人摸象一样，只知其一，不知其余，收效甚微。人格虽然内涵丰富，结构复杂，但是总的来说主要有以下一些要点：（1）观念是否正确（是否能够正确看待自己、看待他人、看待社会、看待未来）；（2）态度是否积极（是否相信自己会变得更好，相信他人本性善良，相信社会能够进步）；（3）是否有恰当的生活目标，并且在为其努力；（4）人际关系是否和谐；（5）是否有情绪管理能力。我们可以从这五方面来认识和评价自己的人格。

"人贵有自知之明"，因为人要了解自己比了解别人更难，所以我们不妨多请求别人的帮助，看看别人眼中的自己是怎样的，别人怎么评价自己，这就像给自己多找了几面镜子，能够把自己看得更清楚。当然也可以通过学习心理学来了解更多的人格的奥秘，或者寻求心理援助，让心理学专业人士帮助自己更好地认识自己的人格。

我们不仅要了解自己的人格，也要接纳自己的人格。"人非圣贤，孰能无过。"其实许多圣贤之人最初也难免犯错，甚至做过很坏的事情。谁能肯定孔子或释迦牟尼就没有犯过错呢？关键是他们能够认识到自己的错误，并不断地努力去改正，他们的人格才能不断升华，最终成为圣贤。我们每个人都有爱自己的本能，爱自己、接纳自己是对的。我们如果能把这种爱与理智结合，既爱自己，又能看到自己的不足，使自己不

断变得更好，这就是人格完善最强劲的动力。

2. 发扬好的方面，改变不足的方面

认识自己的人格之后，我们会发现，自己的人格中，多多少少都会有一些好的方面，也多多少少会有一些不足之处。对于好的方面，我们自然应该坚持，应该发扬光大。对于不足之处，我们也应该承认，并且努力改正。

比如，发现自己比较开朗、活泼，在人际关系方面表现不错，那就应该保持开朗的性格，多与人沟通交往，在集体组织中发挥自己的特长，更好地体现自己的价值。如果发现自己比较内向，人际关系不是很好，那也不用焦急，尝试告诉自己：我是值得结交的人。并且向别人表达出愿意结交的意愿，做出友好的行为，总会有人能够理解我，接纳我。

凡事都有两面性，就算是性格中的不足之处，体现在生活中的不同方面，也不一定是坏事。比如有强迫倾向的人，只要不是太过度，不要影响到正常的生活，也有其好处。如有的人轻微洁癖，有一点点强迫自己做清洁的习惯，会把周围环境保持得很清洁，一定程度上是有利于健康的。关键在于这种特质体现在生活的哪个方面，如果是强迫自己不断去做一些没有任何实际意义的事情，则无异于浪费时间和精力，严重影响正常生活。

3. 从小事做起，贵在坚持

"勿以善小而不为"，完善人格不是让我们一下子去做什么惊天动地的大好事，而是把身边的小事一件一件做好，把自己应该去做而没有去做的事一点一点去尝试着做。比如，发现自己有偏执的倾向，不能很好地听从他人的意见，有些固执，那我们可以在快要和别人开始争辩的时候争取让自己闭嘴一分钟，多听他人说一分钟，只要这一分钟我们能够成功忍住，能够听进别人几句

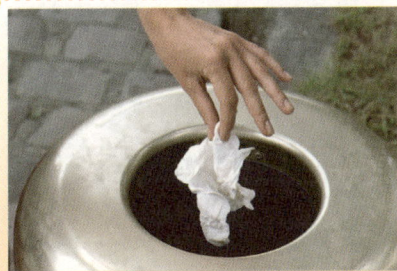

从小事做起

话，就是很大的进步。在此基础上，我们慢慢地学会把自己的意见和想法先放在一边，开始越来越注意别人在说什么，久而久之，就能养成虚心接受他人意见的好习惯、好性格。

完善人格也不是让我们一下子改掉自己人格中那些不好的特质，人格特质的形成往往经历了很长时间，也不太可能一下子就消失。"一屋不扫何以扫天下"，我们应该从最基本、最简单的开始，改正我们那些小小的坏习惯。比如，我们有较强的表演倾向，言行举止比较夸张，迫切渴望时时都是人群中的焦点。我们可以先尝试让自己的

外表不要那么张扬，减少一点夸张的装饰，在人群中减少一点夸张的语言或动作，逐渐适应不张扬的感觉，这样就能慢慢改掉过强的表演欲。

4. 防止"矫枉过正"

矫枉过正，过犹不及。人格就像一架天平，健全的人格往往趋向于平衡。如果说自信是平衡的状态，那么过于自信（即自负）或太不自信（即自卑）都有失偏颇。外向也是如此，不够外向（即内向）不利于人际交往，太过外向也可能给人不可靠、过于随意的感觉，对建立和维持更亲密的

防止矫枉过正

人际关系不利。所以，当我们要培养自身积极人格的时候，就要防止矫枉过正，以免出现更多的人格缺陷。

三、大学生培养积极人格的具体方法

针对上述八种大学生常见的人格障碍，我们可以采取不同的方法去分别克服，俗话说"对症下药"，我们可不能"吃错药"哦。

1. 偏执型人格障碍的应对方法

第一，改善沟通，建立互信。猜疑和误解很多时候都是由于沟通不畅，或是缺乏互信所导致的。加强沟通，遇事不要先生气、先怀疑，尝试相信他人，尽量减少猜疑和误解。

第二，自我分析，保持理智。经常分析和提醒自己，在怀疑他人或嫉妒他人时，是不是自己的偏执心理在作怪。

第三，积极自我暗示。暗示自己别人不会为难自己，自己也要谦和待人。别人的看法也许是对的，自己也该多听听。

2. 分裂型人格障碍的应对方法

第一，走出孤独，与人交往。人与人之间本来就有差异，相信他人能够理解自己，接纳自己。

第二，走出空想，幻想变成理想。幻想再美好也是一场空，如果能够在生活中为理想踏踏实实地努力，最后就能拥抱真真实实的美好。

第三，培养生活情趣。养一株花、看一本书、做一些运动。培养一些爱好，最好能有几个"臭味相投"的伙伴，才会知道幸福的滋味。

3. 冲动型人格障碍的应对方法

第一，培养自控，管住情绪。情绪犹如野马，理智就是缰绳。我们要握紧缰绳，否则野马就会把我们甩飞。

第二，积累阅历，开阔胸怀。多看书，多观察社会，我们才会知道冲动其实解决不了问题，真正解决问题的是合作、是妥协。要合作，就要放下仇恨，敞开胸怀。

第三，找个方式释放自己。年轻难免气盛，精力过多就会满溢。跑跑步、唱唱歌、去旅行，很多方法可以释放自己的能量，然后你会感到——好累好轻松！

4. 强迫型人格障碍的应对方法

第一，相信再大的事，天也不会塌下来。许多事情没有想象中的严重，就算被子没叠、手没洗，一时半会儿也没什么要紧，影响不大。就算自己偶尔有不好的念头，有就有吧，每个人的内心都很复杂，我也一样，没关系的。

第二，多做，少想，不后悔。自己想好的事情，做了的决定，就不要去更改、去怀疑，而要按计划去做，事后无论结果如何，也不要后悔，后悔没用。

第三，适度"放纵"。什么事情都像条约一样，生活将会变得死板、没有情趣，适度的"放纵"，给自己松松绑，自由地呼吸，你能做到的。

5. 反社会型人格障碍的应对方法

第一，做人要有原则。没有原则的人就像脱轨的火车，是一场灾难，伤害别人，自己也跑不远。法律、道德，这些都是必须遵守的原则，不容触犯。

第二，尝试体验痛苦的感觉。你不觉得自己做的事会给别人带去痛苦？那么让别人也那样对你，体验一下痛苦的感觉。以后再想这样做的时候回味一下这种感觉。

第三，放下仇恨，学会爱。人与人之间不只有仇恨，可以有关心和爱护。以怨报怨，伤害别人，自己也得不到幸福。以德报怨，世界会更美好。

6. 表演型人格障碍的应对方法

第一，自己的"表演"别人喜欢吗？自己总觉得自己的表现很好，很完美，很受别人欢迎，真的吗？问问别人对自己的看法，不要争辩，认真地听，好好反思。

第二，做一个别人喜欢的人。做别人不喜欢的事情而得到关注，是自讨没趣，不如不做。控制自己的表现欲望，不要让它为所欲为，静下心来做自己的事，不要总是影响别人。

第三，恰当地发挥自己的表演才能。分清楚什么时候能表演，什么时候不能表演。在舞台上，可以尽情发挥，相信大家会喜欢你。在生活中，活得真实自然，平平淡淡才是真。

7. 回避型人格障碍的应对方法

第一，走出自卑，树立自信。人人都有缺点，不用因为自己有缺点而自卑，人人都有优点，找到自己的优点，树立自信。

第二，学会交往，勇敢走出第一步。怕见别人？想躲起来？不行，必须学会交往。别人不会嘲笑你，会理解你。只要勇敢走出第一步，就能找到温暖的双手和微笑。

8. 依赖型人格障碍的应对方法

第一，相信自己"我可以""我能行"。自己的生命自己做主，你会活得更有力量、有自由。相信自己有能力做自己的事，别人告诉你不行，你不一定不行，相信自己，尽力尝试。

第二，克服依赖思想。幼儿园的小朋友都知道自己的事情自己做，我们更应该做到。小朋友能自己收拾东西，我们更要自己做决定、自己承担责任、自己做计划、自己监督自己……

本章小结

★ 人格是指一个人心理特征的总和，是一个人整体心理面貌的反映。

★ 人格是丰富的，人格具有多面性。

★ 人格可以通过后天的学习和培养进行完善。

★ 认知自我、接纳自我是人格完善的第一步。

思考题

1. 人格的含义是什么？人格主要包括哪些方面？

2. 人格健全对我们有什么意义？

3. 大学生完善人格的途径有哪些？

【心理情景剧】戏院门口

一、活动的主题与目的

活动主题：了解四种气质类型的特征。

活动目的：促进大学生对气质的学习和了解。

二、活动的理论依据

古希腊的名医希波克拉底提出了四种气质类型，即多血质、胆汁质、黏液质和抑郁质四种类型。

三、活动的内容与方法

通过课堂心理情景剧的排练和表演，使参与者和其他同学对气质类型有形象生动的认识和了解。

相关剧本：

戏院门口

地点：戏院门口检票处

时间：晚上19点10分，戏剧已开演十分钟

角色：检票员、孙悟空、张飞、林黛玉、唐僧

检票员：这是戏院，我是检票员，现在表演已经开场10分钟了，有些观众迟到了。为了保证看戏的效果，不让迟到的观众扰乱里面的秩序，我必须拦住他们，让他们等到幕间休息的时候再放他们进去。

孙悟空：【跑到检票员身边，掏出票】我是齐天大圣孙悟空，今天来看戏。

检票员：请您留步，里面表演已经开始了，请在这里等一等，一会儿幕间休息时再进去。

孙悟空：什么？你的意思是我迟到了？不会吧？我翻一个筋斗就是十万八千里，怎么可能迟到？

检票员：表演确实已经开始了，请稍等，不要打扰表演的进行。

孙悟空：【眼睛一转，心生一计】哼哼，好，那我就再外面等一等吧。【转身走几步，忽然回头，抬起一腿，做飞行状】哈哈哈，小小检票员怎么可能拦得住我，想当年我大闹天宫的时候，十万天兵都抓不住我，我抬脚就能进去。【往戏院里飞去】

检票员：大圣！不行啊大圣！等会儿幕间休息再进去！不然老板要扣我工资的！

孙悟空：等什么等！我想怎样就怎样，你来追啊！哈哈哈哈……

检票员：每次都这样，真拿他没办法，算了吧。

张飞：【怒气冲冲，冲上来】迟到了，迟到了，好戏开始了，我要快点去看！

检票员：【拦住】请您留步，在这里稍等，一会儿幕间休息再进去。

张飞：【恼怒状】哇呀呀呀呀呀呀——你这厮，敢挡你张爷爷的路，闪开！【欲推开往里冲】

检票员：【拦住】这是戏院的规定，为了不影响演出的效果。

张飞：什么鸟规定！当年曹操百万兵马我都不放在眼里，我一声大吼把曹操吓得屁滚尿流。快闪开！【使劲推开检票员，大步走进去，蛮横状】

检票员：哇，好痛！真倒霉，又要被老板扣工资了。

林黛玉：【用手遮着半边脸，袅袅漫步而来】方才还远远望见许多人排队进去，怎么现在都不见了踪影呢？

检票员：小姐，请留步，表演已经开始，请幕间休息时再进去。

林黛玉：【遗憾伤心状，自言自语】唉……我说呢，终于还是迟到了。早知如此，当初我就该走快些了。

检票员：请你在这里先休息一下吧。

林黛玉：【欲问又止，终于还是问了】真的不能进去了吗？又不知要等多久？

检票员：不能进去的，怕影响里面的表演，要等多久我也不知道，也许半个时辰，也许半天。

林黛玉：【慢慢地踱来踱去，自言自语】这部戏想来一定是极好看的，我向往已久，好不容易买到一张票，心里极是开心的。【看一眼检票员】看那个检票员，大概是不会放我进去的吧。唉……算了，还是稍等一下吧。【坐下又慢慢站起】我不过迟到了一小会儿，为什么要拦着我呢？也不知要等多久，想到里面正在表演我心爱的那部戏，而我却在这里百无聊赖地等着，我这心呐……【一手捂胸口，一手捂嘴，咳嗽几下】闯进去呢？还是不闯进去呢？等呢？还是不等呢？……纠结啊【欲晕倒状，扶着椅子慢慢坐下，陷入沉思】。

检票员：小姐，可以进去了。里面幕间休息了。

林黛玉：【突然惊醒】哦……【往戏院里慢慢走，既高兴，又遗憾地自言自语】终于还是进去了，唉……也不知戏演到哪里了？最精彩的地方是不是已经演完了呢？

唐僧：【双手合十，缓步沉稳走上】阿弥陀佛。

检票员：【双手合十】法师你好！不好意思，你来迟了一步，刚才正好幕间休息，可以进去，但是现在又开始表演了。你要在这里稍等了。

唐僧：善哉善哉，诸法因缘生，既然进不去，那我就在这里等吧。施主，你知道"当、当、当、当"吗？

检票员：什么当当当？

唐僧：当当当当……就是……【唱歌，模仿大话西游，用粤语】only you，can take me 取西经，only you 能杀妖精鬼怪，only you 能保护我……

检票员：原来是《大话西游》里的唐僧啊，久仰久仰。

唐僧：正是正是。施主有看到我那徒弟孙悟空吗？本来说好了，我们师徒一起来看戏的，可他还是那么顽皮，一转眼又不知道跑哪去了。我刚才看到他往这边飞来了。施主，你有看到吗？

检票员：看到了，他刚才已经进去了。

唐僧：善哉善哉，那我就放心了。多谢施主。等会能进去的时候请施主告诉我，我先参悟一下佛法吧。【坐下，双手合十，念经状】

检票员：大师，幕间休息，可以进去了。

唐僧：【双手合十，继续念经状】

检票员：【凑近，大声说】大师！大师！

唐僧：【从念经中突然反应过来】嗯？这位施主，有什么事吗？

检票员：可以进去啦，大师。

唐僧：【双手合十】善哉善哉，多谢施主。

检票员：不客气。

唐僧：施主留步。【转身往戏院走进去，缓步沉稳】悟空！你在哪里？等等为师啊。

【课后导读】

[1] 朱建军. 你有几个灵魂[M]. 合肥：安徽人民出版社，2009 年 2 月 1 版.

[2] 车丽萍. 健康人格与自信[M]. 上海：复旦大学出版社，2012 年 1 月版.

[3] 赵红瑾. 人格修养与自律能力提升[M]. 北京：中国时代经济出版社，2010 年 1 月版.

第五章　走近你我
——人际关系与交往能力培养

学习目标

※　能力目标
- 能够与他人和谐相处
- 建立广泛的社会支持系统

※　知识目标
- 了解人际交往中的常见问题
- 理解人际交往的原则与方法

※　素质目标
- 人际关系和谐
- 在人际交往中完善自我意识

引　言

　　人类一切行为都受到某种或明或暗的，能够带来奖励和报酬的交换活动的支配。在人际交往中，人与人之间都是相互的，如果你不喜欢什么，也就不要对别人那样做，正所谓"己所不欲，勿施于人"。每一种人际关系都是一个善意的礼物。当我们对话时，当我们互动时，当我们觉察到丰富的人性时，我们就是在创造不同的自己，而这些又会内化到我们自身，我们将会变成完全不同的我，与此同时，我们也在共同创造新的彼此，创造一种新的和谐而幸福的人际关系。我们所处的时代，人际关系已经呈现多元化的态势，包括同学关系、家庭亲子关系、婚姻关系、职场关系、朋友关系……这些丰富多元的人际关系模式，冲击着我们的价值观，也影响着我们的关系和幸福感。人性是无限丰富的，人和人之间的差异是无限丰富的，人性是丰富多彩的而不是单一的，许多不同的生活方式都可以是好的，所有的人的生活方式都可以是好的。本章将引导你理解人际关系的意义，并引导你提高人际交往能力，创造和谐的人际关系。

小 故 事

每一种人际关系中都充满隐秘的投射

公园里，一个很漂亮的女子，碰到一个小女孩称赞她："姐姐，你好漂亮啊！"然后她也回应小女孩说："你也很漂亮啊！"然后又补充了一句："小妹妹，你脸上这里有一个雀斑啊！"小女孩不开心地走开了。

点评：

这句不经意的话表明，在与这个小女孩的关系中，这位女子要在相貌上保持一个优势。在她内在的关系上，也许她与一个重要的女性亲人——譬如姐姐或者妹妹，也有可能是妈妈——存在着严重的竞争关系，令她无法坦然欣赏其他女子的优点，而总要有意无意地去打压对方。而这些说不出的东西，应该正是来自被她压抑的"内在自卑的小女孩"。这就是呈现在我们的人际关系之中的不动声色却惊心动魄的人性。

所以，多一双心灵之眼，可以帮助我们在适当的时候从一个伤害性的关系中脱身而出，也帮助我们审视自己的内在关系，理解我们对其他人的态度。譬如这个女子，假若她能够有这样一双心灵之眼，她就能懂得，自己忍不住地指出那个小女孩脸上的一个雀斑，其实反映的是自己心灵深处的"雀斑"。而那个小女孩，如果她能够多一双心灵之眼，审视一下这个女子的内在关系，她会明白，这个投射首先反映的是这个女子内心的问题，"想必她能在相当的程度上避免自己的受伤，相反还可能对她生出一些同情，知道她是因为自己内心不够和谐才忍不住这样做"。这样的觉察，是伟大的善意，也是真正的宽容，让我们在人际关系中，多了一重慈悲。

心灵引导

有了朋友，生命才显示出它全部的价值。

——罗曼·罗兰

第一节　人际关系与情商

一、人际关系的概念及心理因素

1. 人际交往

人是社会的动物，不能离开群体而单独生存。人际交往是从人类诞生之日起就感知到其存在的重要社会活动。所谓人际交往，是指人运用语言或非语言符号交换信息、交流思想、表达情感和需要的过程，是通过交往而形成的人与人之间的关系，即人际关系。从动态讲，人际关系是指人与人之间一切直接或间接的相互作用，但都超不出信息沟通与物质交换的范围；从静态讲，是指人与人之间通过动态的相互作用形成的情感联系。据估计，大学生每天除了睡眠外，其余时间中有70％左右用于处理人际关系。有的人对成功人士进行分析，得出的结论为：85％的成功人士与良好的人际关系有关。因此，人际关系对大学生起着重要作用。

> **心理词典**
>
> 人际交往也称人际关系（Relationship），是人与人之间心理上的关系。人际关系表现为人与人之间的心理距离，反映着人们寻求满足需要的心理状态。
>

2. 人际关系的心理因素

人际关系的心理因素包括认知、动机、情感、态度与行为等。认知是个体对人际关系的知觉状态，是人际关系的前提。人与人的交往首先是从感知、识别、理解开始的，彼此不相识、不相知，就不可能建立人际关系。认知包括个体对自己与他人、他人与自己关系的了解与把握，它使个体能够在交往中更好地、有针对性地调节与他人的关系。动机在人际关系中有着引发、指向和强化功能。人与人的交往总是缘于某种需要、愿望与诱因。情感是人际关系的重要调节因素，人们在交往过程中总是伴随着一定的情感体验，如满意与不满意、喜爱与厌恶等，人们正是根据自身情感体验不断调整人际关系。情感直接影响着交往双方在情感需要方面的满足程度，即心理距离。

可以说，情感是人际关系中最重要的部分，它往往被当作判断人际关系状态的决定性指标。态度是人际交往的重要变量，每时每刻都有某种态度在表现，态度直接影响着人际关系的建立、形成与发展。

二、人际交往的作用

1. 人际交往促进个性发展

人际交往是个性发展与人格健全的必经之路。个体只有通过与其他个体发生联系，只有学习社会知识、技能与文化，才能取得社会生活的资格。离开社会的交往环境，离开与他人的合作，个体是无法成为一个合格的社会人的。例如，狼孩由于失去了与他人交往的最佳时期，失去了其作为"人"的成长环境，即使后来被发现，也已经很难成为一个正常的"人"了。心理学家的大量研究结果表明：健康的个性总是与健康的人际交往相伴随。心理健康水平越高，与别人的交往就越积极，越符合社会的期望，与别人的关系也越深刻。心理学家奥尔波特发现，个性成熟的人都同别人有良好的交往与融洽的关系，他们可以很好地理解别人，容忍别人的不足和缺陷，能够对别人表示同情，具有给人以温暖、关怀、亲密和爱的能力。人本主义心理学家亚伯拉罕·马斯洛发现，高水平的"自我实现者"，对别人有更强烈、更深刻的友谊与更崇高的爱。

2. 人际交往促进成长成才

"独学而无友，则孤陋而寡闻。"积极的人际沟通与交往，是个体获取新知识的有效途径。对于一个事业成功的佼佼者来说，不仅要有出众的才华，更要有良好的社会适应能力、良好的人际协调能力。青年大学生思想活跃、成就动机强，但由于社会经验的不足、知识的局限，他们在思考问题时难免会出现偏差。因此，大学生彼此间的畅所欲言、互通有无，将会使他们在思想碰撞中产生新的火花，增加他们对事业、人生、成功的积极看法。现代社会各门学科间的相互渗透越来越强，单靠一门学科的知识很难有大的成就。对于大学生来说，学会与不同学科的人才进行交流，才能在心灵上相互沟通，行为上相互协调，共同促进，共同提高。

3. 人际交往促进心理健康

新精神分析学家霍妮认为，神经症是人际关系紊乱的表现。人类的心理病态，主要是由于人际关系失调导致的。也就是说，人际关系紧张的人，不但事业会受阻，而且心情不好，会陷入极大的痛苦之中。研究表明，如果一个人长期缺乏与别人的积极交往，缺乏稳定良好的人际关系，那么这个人往往有明显的性格缺陷。在心理健康教育实践中，我们也注意到，绝大多数大学生的心理问题与缺乏正常人际交往和良好人际关系是相关的。在大学生活中，与宿舍同伴之间的人际交往状况，往往决定了一个大学生对大学生活的满意度。那些生活在没有形成友好、合作、融洽的人际关系的宿舍中的大学生，常常显示出压抑、敏感、自我防卫、难以合作的特点，情绪的满意程度低。反观在融洽宿舍里生活的大学生，则以欢乐、注重学习与成就、乐于与人交往和帮助别人为主流。可见，人的心态与性格状况，直接受到与别人交往和关系状况的影响。

心·理词典

人际交往的过程实质上是人与人之间的情感、信息和物质交换的过程，在这一过程中，人际吸引是人与人之间建立交往关系的基础。每一个人，在发出指责："'你'做得不好"的同时，要想一想"'我'做得好不好"？人与人之间的相处，需要有边界。透过人际关系，可以发现个体的自我意识方面的问题。

《心的出路》的作者、美国著名的精神科医师伊丽莎白·库伯勒·罗斯认为，没有一种人际关系是失败的，每一种人际关系都是生命赐予我们的礼物，它帮助我们认知自我，悦纳自我，让我们成长。从人际关系中发现自己的本质、内心的恐惧、力量的来源和真爱的意义。

每一种人际关系都是一种创造，是"我"和无数个"你"的相互创造。而我们所创造的丰富的人际关系层面，也将带给我们自己更大的幸福感。

三、情商

情商(Emotional Quotient)起初被称为情绪智商，该概念由耶鲁大学心理学家彼得·萨罗维和新罕布什尔大学教授约翰·梅耶最早提出。情商是相对智商而言的心理学概念，属于人的非智力因素的范畴。戈尔曼从五个方面对情商做了概括：认识和了解自身的情绪、控制和管理自身的情绪、自我激励、认识他人的情绪、建立良好的人际关系。我国情商专家对情商也进行了研究，认为情商主要包括：自我意识、自我激励、情绪控制、人际沟通、挫折承受力。世界卫生组织在对健康的定义中曾指出：健康不仅仅是没有疾病和不虚弱，而是身体上、心理上和社会适应上的良好状态。可见，情商是衡量一个人是否健康的一个重要指标。良好的情商能够帮助大学生塑造健全的人格，提高心理健康素质，形成独特的个性，提升道德修养、建立和谐的人际关系，促进择业、创业和就业等。

当今社会是一个充满竞争和挑战的社会，尤其在以知识、智慧和能力为基础的知识经济时代，在当前全球金融危机的背景下，就业形势更加严峻，社会对大学生提出了更新更高的要求，唯有高情商的人才能在激烈的竞争中不被淘汰，并更好地生存和发展。绝大多数诺贝尔奖获得者的智商处于中等或中等偏上，他们取得重大科学成就的重要原因，是孜孜不倦地追求、坚持不懈地努力和执着地工作。现任创新工厂董事长兼首席执行官李开复说过："情商比智商更重要。"大连海事大学在全国高校中成立了第一个情商培养研究

情商主要是指一种自我管理和激励的能力，一种了解他人并与其协调合作的能力，以及面对各种困难和挫折的自我心理调适与承受能力。

中心，设立了第一个"情商奖学金"，共分 7 个奖项……这些例子都证明了情商比智商在更大程度上决定着一个人的成败。因此，新形势下加强大学生情商培养尤为重要。

大学生情商存在的问题主要表现在生理和心理发展不平衡，具体包括：价值观的扭曲，道德的沦丧，人格的缺失；情绪起伏波动大，心理承受能力脆弱，人际关系不和谐；缺乏爱心和责任感；环境适应能力和抗挫折能力差；缺乏团队合作精神和创新精神；缺乏社交锻炼和社会实践等，这些问题很容易使大学生出现心理问题。很多大学生面对纷繁复杂的世界，心理压力过大，认为前途渺茫，无所适从，出现抑郁症、强迫症等症状，这极易导致轻生或伤人。近年来，大学生自杀和犯罪现象屡屡发生。种种迹象表明当代大学生的情商水平令人担忧，亟待提高。

情商主要是靠后天的学习、培养和熏陶而逐渐养成的。只有加强对大学生情商的培养，才能把大学生塑造成社会需要的人，使其成为能够适应社会的新时代的人才。高校作为大学生情商培养的主阵地，应该发挥引导作用，使大学生的情商培养沿着健康和谐的轨道发展。哈佛大学心理学家加德纳说过："芸芸众生中，命运之神往往青睐生活中的强者——他们不是命中注定有惊人的成就，后天的努力才是他们事业成功的主因，而情商则是命运天平中关键的砝码。情商较高的人，一般能把握住生活的机遇，最终取得成功。"新形势下，培养大学生的情商是促进大学生成长成才的关键因素，是促进他们适应未来社会不可或缺的一项重要内容。高校和大学生应共同努力，用智慧和能力去迎接和挑战伟大的"心智革命"，促进大学生全面、协调、可持续地发展。

知识链接

四个情绪管理秘诀

1. 有负面情绪的时候,立刻叫停,然后迅速转移注意力。

2. 每天做 meditation(冥想)。

3. 呼吸法。当有着急、紧张等情绪时,呼吸会急促;沮丧、抑郁时,呼吸会很浅。一旦发现自己呼吸不对劲,就连做五个深呼吸,用阻断法从情绪波动里跳出来。

4. 有业余兴趣与爱好,生活变得更丰富多彩。

第二节 大学生常见人际关系问题

知识链接

完美亲密的正六边形

蜂窝、花朵、雪花、龟壳中,处处可见的六边形,那是大自然中最完美的形状。六边形的每条边和每个角都是完全相等的,这就意味着六边形之间可以实现无缝拼接,组成数种图案。

对人际关系的启示:人与人之间的关系如果也能如六边形一样和谐,没有罅隙,相互合作取长补短,那么人类就会有更多具有创造力的可能性迸发出来。虽然人际关系模式没有如此完美的实现,但是我们可以从中获得一些启示与思考。

一、大学生人际交往的现状

一项关于大学生人际交往现状的调查结果显示,只有9.2%的人不关心自己的人缘,有5.8%的人独自在食堂吃饭,有18.5%的人和他人在一起时会产生孤独感和失落感,有13.6%的人发现朋友有难时不求助自己,有39.9%的人不向别人吐露自己的包袱、挫折以及个人的种种事情。数据还显示,74.1%的大学生具备较好的人际交往能力,他们在与他人相处时受到的困扰较少,能够愉快地和同学相处。24.1%的大学生人缘一般,与他人相处存在一定困扰,但并没有影响到正常的交往。1.8%的大学生人际交往能力较弱,基本上不能与他人进行正常交往，封闭自己，表现为特别不合群、孤僻等。由此可知，大多数大学生通常能正常交往，人际关系也不错，但不少同学反映他们缺乏能互诉衷肠、肝胆相照、配合默契、同甘共苦的知心朋友，有时不免因此感到孤独和无奈。

大多数大学生在选择朋友时首先考虑的是"兴趣相投"，紧跟其后的是志同道合，比例与第一位的相当，由此看到他们更为重视交往双方的兴趣爱好。共同的语言、共同关心的话题、彼此间能够接纳，是大学生交往追求的比较理想的状态。当然，也有一部分大学生把有实用当作交友的主要标准。一项对大学生人际交往目的的调查显示，有62.34％的大学生与他人交往的主要目的是"发展共同爱好"，54.69％的大学生是因为"欣赏他的个性"，而接近半数（占 49.32％）的同学是希望与他人"一起聊天"。也有相当部分（占 31.90％）的大学生认为与他人交往"对学习有帮助"，部分则看重交往"有利于将来找工作"（占 15.84％）、"寻找理想伴侣"（占 10.59％）。大学生的主要任务是学习，人际交往的对象主要是同学和老师，因而他们之间的交往动机是比较单纯的，如一起聊天、发展共同爱好、帮助学习等，并且往往将之理想化，较少带有功利色彩。

案例分析

晓华的苦恼

晓华（女，化名）和小燕（女，化名）是非常要好的朋友，两人之间无话不谈。晓华家庭经济条件一般，听奶奶说自己是被抱养的，父母不和睦，经常吵架。小燕是晓华的第一个知心朋友，并且一直都给晓华很多的关心和支持，晓华非常依赖小燕。晓华和小燕是通过"3＋证书"考上大学的学生，在中专三年级的时候，因为考大学而考进了同一所学校备战高考。小燕虽然和晓华不在同一个镇区，但是两个人还是一见如故，相处得非常好。一直到进入同一所大学，两人都亲密无间。但是大约在一个月前，晓华发现小燕好像要故意躲着自己，每当晓华给小燕打电话的时候，小燕总是推脱，说自己在忙，要做其他的事情。但是后来却发现小燕却是在和她们宿舍的一个朋友在一起说笑，也没做其他事情。那个朋友叫小 A，大家也是相熟的，都是从同一所学校考进来的同学，晓华也和小 A 一起玩过。但是对于小燕避开自己和小 A 在一起而忽略自己，晓华感到非常伤心。"为什么小燕要这样对我呢？为什么要骗我呢？"一想到小燕这样的态度和做法，就忍不住要哭泣，觉得对什么都无法集中注意力，脑海里全是小燕和其他朋友谈笑的画面，感觉很无助。

讨论

1. 晓华为什么对小燕近来的反应感到非常伤心？

2. 晓华对自己和小燕关系的认知有没有非理性信念？如果有，是什么？

3. 晓华现在应该怎么办？

二、大学生人际交往的类型

大学生的人际关系按照交往对象主要可以分为四类:师生关系、同学关系、朋友关系、其他关系。大学生人际交往的内容涉及学习、生活、娱乐、情感、思想等各个方面。

1. 师生关系

师生关系是大学生活中最基本、最重要的人际关系之一。教师是大学生人际交往的重要对象之一。教师的讲课风格、人格魅力等都将成为大学生日常生活中谈论和学习的话题及对象之一。大学生喜欢讲课幽默风趣、学识渊博的教师,喜欢了解大学生、和学生有一定共同语言的教师。"师者,所以传道、授业、解惑也。"教师如果能够深入了解大学生的生活,在大学生的心灵成长、职业发展、人生道路上给学生以引导,将必受学生的欢迎和喜爱。

2. 同学关系

同学关系是以大学生所在学校、所学专业、所在社团等为纽带而形成的人际关系。一般以同班同学为主。大学中的同班同学关系没有中学时代紧密,这与大学学习和管理方式有关,但是大学中的同学关系仍旧是大学生较为密切的人际关系。尤其是同室室友,则成为很多大学生大学时代最为密切的同学关系。不经意地组成的室友,也许会成为很多人大学时代最美好的回忆。因为同住一室,共同生活,今后可能会成为合作伙伴,或者成为竞争对手,这种关系会持续终生。同学是大学生人际交往的基本对象,同学关系是大学生人际关系中最普通的关系。

3. 朋友关系

这里所谈的朋友关系是在同学关系之外的、大学生在当前或以往生活中所形成的朋友关系,朋友可能是以往的同学,也可能是当前要好的同学,也可能是校外兼职时所认识的相熟的同事等。这种关系较同学关系更为亲密,大学生可以和朋友畅所欲言,可以毫无顾忌。朋友关系可能是同性朋友之间、也可能是异性朋友之间的友谊。朋友关系的建立有利于大学生建立社会支持系统,及时疏导负面情绪,调节自我的身心健康;也有利于大学生进一步了解他人、了解社会,提高适应能力。

4. 其他关系

其他关系包括大学生和网友所建立的网友关系、和兼职工作同事所建立的短暂的同事关系、和同一社团成员所建立的合作关系等。大学生的生活有较大的自由度，除了学习专业知识以外，有的人利用网络休闲娱乐，或者外出兼职。很多大学生在网上通过 QQ、微博、微信等沟通工具结识了不少网友，与网友的交往可以帮助一些大学生树立人际交往的信心，学习人际交往的技巧，提高人际交往的能力；也有一些大学生通过结交网友增加与外部世界的交流，进行专业知识的学习，或者进行人文社会科学的学习。这是网络时代大学生人际交往的新形势、新特点，但是也不可避免地出现了一些新问题，如在与网友的相处中，大学生需要增强自我保护能力，提高识别能力，避免出现意外事件。

三、大学生人际交往的常见心理

少年时代的我始终为此有些自卑，觉得在这个世界上自己可谓特殊存在，别人理直气壮地拥有的东西自己却没有。

——日本小说家　村上春树

为了战胜自卑，我们就会更加努力。因为自卑的持续存在，我们或许会比较少骄横。因为自卑，我们记得渺小和尊崇，这未尝不是因祸得福。

——中国当代女作家　毕淑敏

唉，才95分，我真没用！

考了95分，不错！我发挥得正常。

能考到95分，我真厉害！

当前大学生的人际关系状况总的来说是比较好的，只有少部分人存在人际交往问题及障碍，这一部分人产生障碍的原因如下。

1. 自卑心理

美国心理学家的研究表明，如果一个人长期得到老师、家长及同伴的认可、支持和赞许，那么他的自信心、求知欲便会增强，内心获得一种快乐和满足，就会养成勤奋好学的良好习惯；相反，他会产生受挫感和自卑感。个体自卑感的形成主要是社会环境长期影响的结果。自卑的浅层感受是别人看不起自己，而深层的感受是自己看不起自己，即缺乏自信。

自卑感人人都有，只有当自卑达到一定程度，影响到学习和工作的正常进行时，才会被认为是心理障碍。在人际交往中，自卑主要表现为对自己的能力、品质等自身因素评价过低；心理承受力脆弱，经不起较强的刺激；谨小慎微，多愁善感，常产生疑妒心理；行为畏缩，瞻前顾后。自卑是影响大学生人际交往的严重心理障碍。有自卑心理的大学生常常缺乏自信，想象失败的体验多，在交往过程中畏首畏尾。如果遇到一点挫折，便怨天尤人；如果受到别人的耻笑与侮辱，便忍气吞声。他们缺乏足够的耐挫力，常常把失败归因于个人能力、性格或命运，因而灰心丧气，意志消沉。而这又常使个体自卑心理进一步被强化。

> 自卑是一种因过多的自我否定而产生的自惭形秽的情绪体验。表现为过低评价自己的能力与品质，轻视自己，担心失去他人尊重的心理状态。

2. 自负心理

自负的人常常看不起别人，总认为自己比别人强很多。自负的人一般都自视过高，很少关心别人，只关心个人的需要，强调自己的感受，在人际交往中表现为目中无人；在对自己与别人的关系上，过高地估计了彼此的亲密度，讲一些不该讲的话，这种过分的行为，反而使人出于心理防范而与之疏远。与同伴相聚，不高兴时会不分场合地乱发脾气，高兴时则海阔天空、手舞足蹈地拼个痛快，完全不考虑别人的情绪和态度。自负的人往往会固执己见，唯我独尊，总是将自己的观点强加于人，在明知别人正确时，也不愿意改变自己的态度或接受别人的观点；喜欢抬高自己，贬低别人，把别人看得一无是处。经常会过度防卫，有明显的嫉妒心。这种人有很强的自尊心，当别人取得一些成绩时，其嫉妒之心油然而生，极力去打击别人、排斥别人。当别人失败时，幸灾乐祸，不向别人提供任何有益的帮助。同时，在别人成功时，这种人常用"酸葡萄心理"来维持自己的心理平衡。

3. 嫉妒心理

嫉妒是一种社会情绪，人类社会至今还是一个存有竞争与区别心的社会，社会意识如果把竞争、优越看得很重要，嫉妒自然也必不可少。

嫉妒是自尊心的一种异常表现，在大学生中普遍存在。具体表现为：当看到他人学识能力、品行荣誉甚至穿着打扮超过自己时内心产生的不平、痛苦、愤怒等感觉；当别人身陷不幸或处于困境时则幸灾乐祸，甚至落井下石，在人后恶语中伤、诽谤。嫉妒是一种情绪障碍，它扭曲人的心灵，妨碍人与人之间正常的交往。当看到别人比自己强时，心里就酸溜溜的不是滋味，于是就产生一种包含着迷恋与羡慕、愤怒与怨恨、猜嫌与失望、屈辱与虚荣以及伤心与悲痛的复杂情感，这种情感就是嫉妒。嫉妒者不能容忍别人超过自己，害怕别人得到自己无法得到的名誉、地位等。在他看来，自己办不到的事别人也不要办成，自己得不到的东西，别人也不要得到。嫉妒产生于两种错误的认识：一是认为别人取得了成绩，就说明自己没有成绩，别人成功了就说明自己失败了；二是认为别人的成功就是对自己的威胁，是对自己利益的侵害。嫉妒的产生离不开人们的生活环境和心理空间中所发生的各种事件。

> 嫉妒是人际中的情绪，一般发生在熟悉的、身边的人与人的关系中，尤其是没有清晰的自我认知、自我认同的人，因为自己没有而不能容忍别人有。

4. 猜疑心理

猜疑一般总是从某一假想目标开始，最后又回到假想目标，就像一个圆圈一样，越画越圆。"失斧疑邻"的寓言就是典型，现实生活中猜疑心理的产生和发展，几乎都同这种封闭性思路主宰了全部的思路密切相关。

多疑是人际交往中一种不好的心理品质，可以说是友谊之树的蛀虫。正如英国哲学家培根所说："多疑之心犹如蝙蝠，它总是在黄昏中起飞。这种心情是迷陷人的，又是乱人心智的。它能使你陷入迷惘、混淆敌友，从而破坏人的事业。"具有多疑心理的人，通常过于敏感，往往先在主观上设定别人对他的不满，然后在生活中寻找证据。带着以邻为壑的心理，必然把无中生有的事实强加于人甚至把别人的善意曲解为恶意。这是一种狭隘的、片面的、缺乏根据的盲目想象。

生活中我们常会碰到一些猜疑心很重的人，他们整天疑心重重、无中生有，认为人人都不可信、不可交。如果看见两个同学在窃窃私语，就以为在说自己的坏话；别人无意之间看自己一眼，就以为别人不怀好意，别有用心；每当自己做错了事，即使别人不知道，也怀疑别人早就知道，好像正盯着自己似的；别人无意之中说了一句笑话也以为在讽刺自己；怀疑别人对自己的真诚，认为这些都是虚假的，整个世界都是罪恶的，自己没有一个可以谈心的朋友；经常感到孤独、寂寞、心慌、焦虑；总觉得别人在背后说自己的坏话，或给自己使坏。喜欢猜疑的人特别注意留心外界和别人对自己的态度，别人脱口而出的一句话可能琢磨半天，努力发现其中的"潜台词"，这样便不能轻松自然地与人交往，久而久之，不仅自己心情不好，也影响到人际关系。

第三节   人际交往能力的培养

📖 小 故 事

萧伯纳与小女孩

萧伯纳在一次写作休息时，和邻居的小女孩一起玩耍。当送小女孩回家时，他对小女孩说："知道我是谁吗？回家告诉你妈妈，就说和你一起玩的是萧伯纳。"小女孩天真地回应说："知道我是谁吗？回家告诉你妈妈，就说和你一起玩的是克里·佩丝莱娅。"大文豪不禁愧然。后来，萧伯纳对朋友谈起此事，感慨道："一个七岁的小女孩给我上了人生中最好、最重要的一课。一个人不论有多大的成就，他在人格上与任何人都是平等的，这个教训我一辈子也忘不了。"

分析：交往是平等的，尊重他人才能尊重自己。在与他人交往时，要把双方放在平等的位置上，既不能觉得自己低人一头，也不能高高在上。尽管由于主观因素的影响，人与人在气质、性格、能力、家庭背景等方面存在差异，但在人格上大家都是平等的。在交往中要对自己有信心，对别人有诚心，彼此尊重、平等地交往，才可能持久。对大学生来说，不论学习好坏，家庭背景如何，是不是班干部，长相如何都应得到同等的对待，同学们不要冷落集体中的任何人。

一、人际交往的基本原则

要想建立良好的人际关系，就要在社会生活中了解、遵循和掌握以下人际交往的一般原则。

1. 平等原则

在人际交往中总要有一定的付出或投入，交往双方的需要和这种需要的满足程度必须是平等的，平等是建立人际关系的前提。人际交往作为人们之间的心理沟通，是主动的、相互的、有来有往的。人都有友爱和受人尊重的需要，都希望得到别人的平等对待。人的这种需要就是平等的需要。平等就意味着交往中相互尊重、一视同仁，这是和谐交往的基本前提。平等在一定程度上可以说是交往的最重要原则。

2. 相容原则

相容是指人际交往中的心理相容，即指人与人之间的融洽关系，与人相处时的容纳、包涵、宽容及忍让。要做到心理相容，应注意增加交往频率、寻找共同点、表现出谦虚和宽容。为人处世要心胸开阔，宽以待人。要体谅他人，遇事多为别人着想，即使别人犯了错或冒犯了自己，也不要斤斤计较，以免因小失大，伤害彼此的感情。只要干事业、团结有力，做出一些让步是值得的。

3. 互利原则

建立良好的人际关系离不开互助互利。互助互利可以表现为人际关系中的相互依存，通过对物质、精神、感情的交换使各自的需要得到满足。人际关系以能否满足交往双方的需要为基础，如果交往双方的心理需要都能获得满足，其关系才会继续发展。因此，交往双方要本着互助互利为原则。互助原则就是当一方需要帮助时，另一方要力所能及地给对方提供帮助。这种帮助可以是物质方面的，也可以是精神方面的；可以是脑力的，也可以是体力的。坚持互助原则，就要破除极端个人主义，与人为善，乐于帮助别人。同时，又要善于求助别人。别人帮助你克服困难，他也会感到愉快，从而可以进一步加强双方的情感交流。

4. 信用原则

孔子说："人而无信，不知其可也。"信用即指一个人的诚信、不欺骗、遵守诺言，从而获得他人的信任。人离不开交往，交往离不开信用。要做到说话算数，不轻许诺言。与人交往时要热情友好，以诚相待，不卑不亢，端庄而不拘谨，谦逊而不矫饰做作，要充分显示自己的自信心。一个有自信心的人，才可能取得别人的信赖。处事果断、富有主见、精神饱满、充满自信的人就容易激发别人的交往动机，博取别人的信任，产生使人乐于与你交往的魅力。朋友之交，言而有信。许诺别人的事就要履行，这是信用原则的重要表现。轻易许诺却失信于人，会给人一种极大的不信任感，感觉你习惯于开"空头支票"，缺乏交往的诚意，这是人际交往的大忌。

二、大学生人际交往的原则

1. 悦纳自我，与自己成为朋友

"人生得一知己足矣。"我们在茫茫人海中寻觅，在生活中小心翼翼、精心维护着和别人之间的关系；但却经常听到这样的抱怨：其实他（她）一点都不了解我，他（她）根本就不懂我，他（她）不知道我想要什么，还算什么好朋友？由此，我们慨叹"天下虽大，同声者有几人?"事实上，有很多人自己也不知道自己想要什么，自己也并不了解自己，那又怎么能期待别人可以了解你、懂你呢?

集体共舞

人首先要和自己做朋友。也就是说，每个人需要先了解自己、认知自我，要经常叩问自己的心灵，同自己的心灵对话，明晰自己的内心。人要和自己交朋友，需要足够的勇气，即要勇于直面自己的缺点和阴暗面，勇于接纳自己的缺陷，承认缺陷的部分也是属于自我不可分割的一部分，同时也要善待自己，要悦纳自我，更要学习管理自我，始终保持清醒的头脑，认识自己、把握自己、约束自己、超越自己。当你能够做到是最好的自己的时候，就会呈现积极、勇敢、进取的充满正能量的形象，是一个充满自信、阳光的自己。

2. 热情主动

热情主动对人际关系非常重要。著名心理学家阿希曾做过一个实验，发现一个人是否热情影响对这个人其他品质的评价，热情是一个人的中心特质。许多同学人际交往能力差，不是因为他的能力、知识、性格、人格魅力等不如别人，而是他不愿主动与人打招呼。有的同学可能会觉得主动打招呼很没有面子，相互不认识，主动打招呼别人怎么会搭理自己呢? 正是由于这种想法，失去了很多交往的机会。大学生在交往过程中要热情主动地表达自己的看法，热情主动地帮助别人，主动地和其他人交往沟通，这样才能建立良好的人际关系。

3. 真诚待人

朋友是在互助互利的基础上建立起来的，但这并不意味着人与人交往的功利性。坚持真诚的原则，必须做到热情关心、真心帮助他人而不求回报。对人、对事实事求是，对不同的观点能直陈己见而不口是心非。真诚是人与人之间沟通的桥梁，只有真诚相待，才能使交往双方建立信任感，并结成深厚的友谊。人之相知贵在知心。真诚不仅要发自内心，还要表现在行动上。真心实意，言行一致，才能收获真正的友谊。

4. 换位思考

即设身处地为他人着想，是想人所想、理解至上的一种处理人际关系的思考方式。大学生在人际交往的过程中要互相理解、信任，并且要学会换位思考，换位思考的实质是对交往对象的切身关注，深入对方的内心世界。它既是一种理解，也是一种关爱。大学生在交往的过程中要变"挑剔"为"欣赏"，变"计较"为"宽容"，用欣赏的眼光看待他人。

换位思考

三、人际交往的能力培养

1. 学会倾听

倾听是大学生人际交往的润滑剂。认真倾听是一种待人的态度，也是一种为人处世的艺术。戴尔·卡耐基说过：如果希望成为一个善于谈话的人，那就先做一个愿意倾听的人。在沟通的各项功能中，最重要的莫过于倾听能力。大学生在与人交往的过程中要学会倾听，"倾听与听不同，它包括用耳朵听，最重要的是用眼睛观察，用嘴提问，用脑思考和用心灵感受，做到诚心、虚心、耐心、静心和专心"。达到倾听的最佳效果，要注意以下方面的细节：目光要集中注视对方。在交往的过程中目光

听我说

闪烁不定，左顾右盼会显得不尊重对方。在倾听的过程中不要随意打断对方，在倾听的过程中还要适当地有所呼应和适时地询问、追问，表示对对方的话题感兴趣。

2. 学会微笑待人

卡耐基说过："一个人的面部表情，比着装更重要。"笑容能照亮所有能看到他的人，像穿过乌云的太阳，带给人们温暖。"微笑是一种令人感觉愉快的面部表情，它可以缩短人与人之间的心理距离，为深入沟通与交往创造温馨和谐的气氛。因此，有人把微笑比作人际交往的润滑剂。"在人际交往中，微笑可以感染他人，可以消除拘谨，可以缓解矛盾。大学生在人际交往中要学会微笑，用微笑这种力量去打开人际交往之门。

微笑胜过千言语万语，在交际中千万不要吝啬你的微笑

闲暇聊天话题不要太沉重，不要说让对方伤心的事情

3. 恰到好处地赞美别人

威廉·詹姆士说过："人类本性上最深的渴望之一是被赞美、钦佩和尊重。"赞美能有效地缩短人与人之间的心理距离，是大学生正确处理人际交往的有效方法，但在交往中赞美别人要掌握一定的技巧。一方面赞美别人要真诚。因为这不仅是对别人的价值、意义等做判断，同样也是拷问自己良知和品行的时候。赞美别人不能太离谱，比如，轻率、虚伪的奉承和溜须拍马等会使人产生反感，相反赞美别人要坦诚得体，要有诚意。另一方面，信任是最好的赞美。在人际交往中，大学生要信任交往的对象，这样双方在情感上距离才会拉近。

4. 掌握消除同学间误会的技巧

误会和交往是相伴产生的，在交往过程中误会经常发生，它会给大学生的交往带来障碍。产生误会并不可怕，关键是要学会消除误会。消除误会的技巧如下：一要认清事实。很多误会是在交往中误传误听引起的，此时，需要认真调查事情的真伪，弄清事实，消除误会。二要换位思考，审视自己的不足。站在对方的立场想问题，检讨自身的不足，以宽广的胸怀真心化解误会。

5. 掌握人际交往的语言艺术

"良言一句三冬暖，恶语伤人六月寒。"这句话告诉我们语言在人际交往中有多么重要的作用。语言艺术运用得好，就能优化人际关系，相反，如果说话不当，往往会在无意间出口伤人，引起不必要的麻烦。正确运用语言，要做到表达清楚、生动、准确、有感染力、逻辑性强，少用土语和方言；语音、语调、语速恰当，根据谈话的内容和场合，采取相应的语音、语速和语调；尽量避免争吵；开得体的玩笑。

人际交往中要掌握一定的语言艺术，主要是把握说话的内容和声音。一方面说话的内容要符合交往的场合，比如，在他人悲伤的时候不能嘻嘻哈哈、滔滔不绝地说自己高兴的事，欢乐祥和的气氛中不能喋喋不休地诉说自己的苦闷与不幸，也不能自己滔滔不绝地说话让对方没有机会说话；另一方面，说话时的声音要适量，在安静的环境中交谈要小声，在嘈杂的大庭广众之下声音要适量大一些。最后，说话要简明扼要，言简意赅，不能绕来绕去，反复表达。

掌握好非语言艺术对于成功交友是必不可少的。多年前加州大学洛杉矶分校的一项研究表明，个人行为表现给人的印象7％取决于用词，38％取决于音质，55％取决于非语言交流。因此，非语言交流的重要性可想而知。非语言的表达一般包括眼神、手势、面部表情、身体姿态、位置、距离等。大学生在人际交往中根据谈话的需要和场合，正确运用非语言艺术，巧妙地表达自己的思想感情，有时会起到"此时无声胜有声"的作用。

《心的出路》的作者、美国著名精神科医师伊丽莎白·库伯勒·罗斯认为，没有一种人际关系是失败的，每一种人际关系都是生命赐予我们的礼物，它帮助我们认知自我，悦纳每一个面向的自我，让我们成长。从人际关系中发现自己的本质、内心的恐惧、力量的来源和真爱的意义。每一种人际关系都是一种创造，是"我"和无数个"你"的相互创造。而我们所创造的丰富的人际关系层面，也将带给自己更大的幸福感。

学习人际交往的艺术，以真诚、尊重、热情的态度对待他人，以友爱、和善之心关爱他人，提高人际交往能力，建立自己的广泛的社会支持系统。

本章小结

★ 人际交往是人与人之间的情感、信息和物质交换的过程。

★ 人际吸引是人与人之间交往关系建立的基础。

★ 人与人之间的相处，需要有边界。

★ 通过人际关系，可以发现自我意识存在的问题并完善它。

思考题

1. 大学生人际交往中的常见心理问题有哪些？

2. 在人际交往中如何增强自己的人际魅力？

3. 大学生在宿舍的人际交往中要注意哪些问题？

【心理自测】

大学生人际关系综合诊断量表

这是一份人际关系行为困扰的诊断表，共 28 个问题，在每个问题上，选"是"的打"√"，计 1 分；选"非"的打"×"，计 0 分。请你认真完成，然后对照后面对测验结果做出的解释，检查自己的人际关系是否和谐。

（　　）1. 关于自己的烦恼有口难言。

（　　）2. 和生人见面感觉不自然。

（　　）3. 过分地羡慕和妒忌别人。

（　　）4. 与异性交往太少。

（　　）5. 对连续不断的会谈感到困难。

（　　）6. 在社交场合感到紧张。

（　　）7. 时常伤害别人。

（　　）8. 与异性来往感觉不自然。

（　　）9. 与一大群朋友在一起，常感到孤寂或失落。

（　　）10. 极易受窘。

（　　）11. 与别人不能和睦相处。

（　　）12. 不知道与异性相处如何适可而止。

（　　）13. 当不熟悉的人对自己倾诉他的生平遭遇以求同情时，自己常感到不自在。

（　　）14. 担心别人对自己有什么坏印象。

（　　）15. 总是尽力使别人赏识自己。

（　　）16. 暗自思慕异性。

（　　）17. 时常避免表达自己的感受。

（　　）18. 对自己的仪表(容貌)缺乏信心。

（　　）19. 讨厌某人或被某人所讨厌。

（　　）20. 瞧不起异性。

（　　）21. 不能专注地倾听。

（　　）22. 自己的烦恼无人可倾诉。

（　　）23. 受别人排斥与冷漠。

（　　）24. 被异性瞧不起。

（　　）25. 不能广泛地听取各种意见、看法。

（　　）26. 自己常因受伤害而暗自伤心。

（　　）27. 常对人谈论、愚弄。

（　　）28. 常与异性不知如何更好地相处。

计分及解释：

如果你得到的总分在 0～8 分之间，那么说明你在与朋友相处上的困扰较少。你善于交谈，性格比较开朗，主动关心别人，对你周围的朋友都比较好，愿意和他们在一起，他们也都喜欢你，你们相处得不错。而且，你能够从与朋友相处中得到许多乐趣。你的生活是比较充实而且丰富多彩的，你与异性朋友也相处得很好。一句话，你不存在或较少存在交友方面的困扰，你善于与朋友相处，人缘很好，获得许多人的好感与赞同。

如果你得到的总分在 9～14 分之间，那么，你与朋友相处存在一定程度的困扰。你的人缘很一般，换句话说，你和朋友的关系并不牢固，时好时坏，经常处在一种起伏波动的状态之中。

如果你得到的总分在 15～28 分之间，那就表明你在同朋友相处上的行为困扰较严重；分数超过 20 分，则表明你的人际关系的行为困扰程度很严重。而且在心理上出现较为明显的障碍。你可能不善于交谈，也可能是一个性格孤僻的人，不开朗，或者有明显的自高自大、讨人嫌的行为。

【团体心理辅导】

我们在一起

第一阶段：订立团体契约

团体的保密规范：成员在团体中所说的资料和信息，团体指导者有保密职责；如果咨询相关专家，一定要取得当事人的同意；要有书面的材料，说明咨询什么问题，当事人签署同意，然后寄出去给专家。

保密例外：有伤害自己、自杀、伤害他人、受虐、家暴等；违反国家法律，如贩毒、杀人等倾向的个体及信息；

其他规范：（由同学们补充填写）

请每个同学在《团体契约书》上签名。

第二阶段：团体形成的过程

一、制作自己的名牌

要求：每个成员使用彩笔，在自己收到的 A4 空白纸上标出自己的名字。这个名字是你最喜欢的，或者最希望是自己的名字，或者是自己最喜欢的一个网名。名字的字数不超过 4 个；字体的大小要让坐在这个教室里面的人都能够看到。

二、微笑相识

要求：建立 6 人团体，即每个团体成员为 6 个人。每个团体选定一个小组长。团体形成之后，每个团体成员向其他成员介绍自己的名字（名牌上的名字），以及为什么要叫这个名字。介绍的顺序采用滚雪球的方式，即由任一个成员作为第一个发言的人开始介绍，然后进行顺时针轮流介绍，第二个人要按照"我是在×××（第一个人）左边的×××，我的名字的意义是……"的形式进行"滚雪球"式的介绍，之后的人轮流依次介绍自己。

分享：每个团体选一个发言人对团体成员进行介绍。

三、相互了解

要求：小组成员分享自己的经历，每个人讲小时候印象最深的一件事，从幼儿园到小学阶段。大家都发言完之后，进行讨论：你现在和小时候有什么不同？这种不同是真的不同吗？

四、我们在一起

要求：请每人拿一张 A4 纸，每组一套彩笔，每个人画一张画。用海洋生物来描绘你们小组的所有成员。然后进行分享。

第三阶段：团体告别

要求：每个人用一张 A4 纸，最想对谁说一些话，把它写下来，送给他（她）。

【课后导读】

[1][美]约翰·格雷著，黄钦，尧俊芳译. 男人来自火星，女人来自金星[M]. 长春：吉林出版社，2010 年 11 月版.

[2]素黑. 一个人不要怕[M]. 合肥：安徽教育出版社，2007 年 8 月版.

[3]素黑. 两个人的孤独[M]. 深圳：深圳报业集团出版社，2008 年 8 月版.

第六章 谈"情"说"爱"
——爱情与恋爱心理调适

学习目标

※ 能力目标
- 树立正确的恋爱心理
- 掌握恋爱心理困惑的应对方式

※ 知识目标
- 理解爱情的心理学含义
- 理解大学生恋爱心理发展特征

※ 素质目标
- 理解爱的艺术,提高爱的能力

引 言

　　《那些年,我们一起追过的女孩》《初恋这件小事》《失恋33天》……关于青春和爱情的影视剧很多,相信大家也看过不少。其实爱情并不是在当代社会才成为热点的,自古以来,关于爱情的故事数不胜数:梁山伯与祝英台、牛郎织女、许仙与白素贞……为什么从古至今爱情故事都如此流行,甚至流传千古?因为爱情是人类永恒的主题。

　　大学时光,青春年华,许多同学按捺不住对爱情的向往,想谈情说爱。爱情重要吗?爱情的本质是什么?心理学如何看待爱情?如何开始恋爱?恋爱中的困难有哪些?又怎样去克服?关于爱情的话题很多,大家也很感兴趣吧?那就随我们一起学习本章,让心理学引领你谈谈"情",说说"爱"。让我们通过学习更懂得爱情,既要学会爱得健康、爱得幸福,体会爱的美好;也要学会面对爱的悲伤、爱的无奈,能承受爱的痛苦。

案例分析

【诗歌】

爱情，一生的学业

爱情是一生的学业，

但需更清楚，这学业不是为着毕业。

不是考试之前抄抄笔记背背重点，

若是那样，爱情只不过是一张证书，

永远只是几句干涩的话、一张毫无生气的照片，

以及一串没有任何意义的编号。

爱情，既然是一生的学业，

就应该融入每一天的生命中，

像吃饭睡觉一样，出于自然，

像语言一样每天都要说，要读要写。

否则，就会变成：

只会说"我爱你"的机器，

或者听不懂爱情的傻瓜。

爱情的学业是如此艰难，

但你若真心地背负着她，

在每天的清晨和日落之间跋涉，

却不会感觉到她的沉重，

还能听到世间最美妙的歌谣。

点评：爱情是什么？每个人都会给出不同的解答，如果去问一个热恋中的人，他(她)可能会说爱情像盛放的花朵一样沁人心脾，如果去问一个刚刚经历失恋的人，他(她)可能会说爱情像凋落的花朵一样令人悲伤，如果去问一对经历多年爱情生活的老夫妻，他们可能会说爱情像陈酿的美酒一样回味悠长……爱情究竟是什么？许多大学生都有这方面的困惑，那就让心理学给你提供一个了解爱情的全新角度吧。

心灵引导

　　爱怕沉默。太多的人，以为爱到深处是无言。其实，爱是很难描述的一种情感，需要详尽地表达和传递。

——毕淑敏

第一节　爱情的心理学内涵

爱情是一种人与人之间相互依恋、亲近和向往的强烈情感。正如毕淑敏所说，爱情是一种很难描述的情感，对于爱情的本质和内涵，许多人都提出过不同的观点。英国诗人司各特认为：爱情将两颗心紧紧系于一个躯体、一个灵魂，在爱情中，每一方都为对方而存在，通过相互的舍弃和占有，达到心灵上的沟通和一致。保加利亚伦理学家瓦西列夫指出：爱情不单是延续种属的本能，不单是性欲，还是融合了各种成分的一个体系，是男女之间社会交往的一种形式，是完整的生物、心理、美感和道德的体验，只有人才具有复杂而完整的爱情。美国心理学家弗洛姆认为：爱情是一种突破人与人之间隔绝的能力，是一种使人与他人相联系的能力，爱情使人克服了孤独和分离的感觉，在爱情中，两个人变成一个，而又仍然是两个。中国台湾女作家李昂说：真正的爱情是建立在两个自由人的彼此了解和认识上，爱人们应该去体会彼此间相同和相异之处，任何一方都不应该放弃因为自我而造成的差异，因而任何一方都不会遭受损失。

爱情是人类永恒的主题，哲学、伦理学、社会学、文学……众多学科都把爱情作为重要的研究对象，在电影、电视剧、网络、报纸杂志，以至于我们每天的言谈中，关于爱情的看法、观点比比皆是。爱情究竟是什么？我们应该怎样去看待爱情？我们大学生也面临着这样的问题，也要尝试着去解答。对于爱情有太多的困惑、不解，不知道怎样去回答，没关系，心理学给你提供一个全新的视角，指出一条认识爱情、通往爱情的道路。希望你在本章和老师的引导下，探索出你自己对于"爱情谜题"的解答。

一、爱情需要学习吗？

也许有人说：爱情用得着学吗？当爱情该出现的时候，它自然而然就有了，否则就算学了也没用。的确，现实中确实存在着"一见钟情""怦然心动"的情况，但那不是爱情，只是爱情发生、发展的机会。这种机会就像是播下的一粒爱情种子，但是它能不能发芽、能不能开花，很大程度上取决于我们能不能精心呵护，浇水、施肥和除草等做得好不好。就像农民不是生来就会种田，花匠不是生来就会养花一样，我们也不是生来就懂得爱情的。因此，爱情绝对需要我们认真学习。

正如前面那首小诗写的，爱情是需要不断学习，甚至学习一生的。因为爱情不是一成不变的，随着时间的推移，相爱的双方都在发生着各种各样的变化，比如，身体、思想和身份地位等，如果双方的相处方式不跟着改变，时间一长，爱情就会出现问题。此外，爱情还受到双方家庭、周围朋友以及整个社会大环境的影响，也可能受到一些突发事件的冲击，这些因素经常会给爱情的发展带来各种阻碍和危机，如何应对这些阻碍，克服种种危机，使爱情能够持续发展，也是需要双方共同学习的。

大部分爱情失败的案例，都是由于许多客观的因素造成的，但爱情中的双方或某一方因为没有保持对爱情的学习，也常常是爱情难以为继的主要原因。

案例分析

我们还能回去吗？

在爱情面前，我是一个失败的大学生。曾经我们青梅竹马，是最好的搭档，一起去外地读书三年，一起度过了高中最艰难的三年。后来我上大学，她复读了，那一年中她变化太大了，变得我也不认识了！我甚至不知道她在想什么，也不知道她到底想干什么。我们越走越远……最后，她说："我们分手吧，我有别的男朋友啦。"这简直是晴天霹雳！我的守候，我的等待，还有我的梦想都随之破灭！

就这样我在颓废中度过了大学的第一个暑假。后来我想开了些，因为我还有父母，还有兄弟，还有朋友，所以我鼓起勇气，走回校园，因为只有校园才是我灵魂的归宿。我希望充实的生活可以用来弥补自己感情的空虚。

时间真快，一眨眼两个月过去了，我继续过着没有精神寄托的生活，整天除了学习、社团活动，就是上网。可是后来她又给我发来短信，说她自己很痛苦。我想作为一个男人，应该大气，应该原谅她。她问我：是否还爱着她？我自己心里知道，我对她的爱一点不减，但是我不知道现在她还是不是当年的她。

我还是答应了她，我们复合了。但是我的朋友和兄弟们都认为我太傻。因为她曾经那样无情地伤害过我。

破镜真的能够重圆吗？她现在还是从不和我说心里话，我根本不知道她在想什么，没有办法交心。我们还能够回到原来的那种天真、纯洁的恋爱吗？

讨论

1. 你认为"我"和"她"分手的原因是什么？

2. 你觉得"我"应不应该答应和"她"复合？

3. 如果要让这份爱情延续下去，你觉得应该怎样做？

爱情不是死的知识，所以在学习的时候，我们不能像背单词、背公式那样只是去记住爱情心理学的知识。要真正掌握爱情的知识和技巧，必须认真思考并且运用这些知识。比如，我们可以在观看爱情题材的影视剧时运用所学知识分析其中蕴含的爱情故事，体会角色的内心感受。如果身边的朋友或同学谈恋爱了，我们可以运用所学知识分析他们为什么会在一起？如果他们出现了矛盾，我们也可以分析原因是什么，并且可以给我们的好朋友提一些建议，说不定还能帮上忙呢。如果我们自己想谈恋爱或者正在谈恋爱，完全可以尝试运用心理学的知识来分析和解决恋爱中遇到的问题，追求甜美幸福的爱情。

二、爱情是什么？

心理学认为：爱情是身心发展基本成熟的异性个体相互之间产生的具有浪漫色彩和性色彩的强烈人际吸引。这一定义指出了爱情的三个特征：

一、个体的身心发展到基本成熟才会产生爱情。身心基本成熟是指身体（特别是神经系统）的发育基本成熟，智力发育成熟，初步具备辩证思维能力，自我意识趋于成熟、完整和稳定，人生观和价值观初步形成，思想和行为符合社会规范，具备较强的社会适应能力。比如，我们在小学阶段出现的那种对异性的人际吸引就不能算是真正的爱情，最多只能算是早恋。而大学生身心发展基本成熟，具备了产生爱情的心理条件。

二、爱情是发生于异性个体相互之间的。也许有人会问同性恋算不算爱情呢？人分男女两性，两性结合是自然进化的结果，违背这种自然规律不利于人类的繁衍和发展，所以社会文化为了保证人类的延续，对同性恋多持否定态度。同时也要注意到，爱情是相互之间的，如果只是单方面的，那不叫爱情，而是迷恋或者叫单相思。

三、爱情是具有浪漫色彩和性色彩的人际吸引。人际吸引是个体与他人之间情感上相互亲密的状态。人际吸引的范围很广，亲情、友情、爱情等都属于人际吸引。爱情与其他人际吸引类型的最大差别就在于它既有浪漫的色彩，又有性色彩。爱情总是能给人带来不同于其他感情的浪漫，同时爱情又与性有密切的联系，也与其他感情不同。

在实际生活中，我们很多时候对爱情有种种误解，也并不清楚到底什么样才算是爱情，也因此会引发不少的人际矛盾和冲突，造成我们人际关系的紧张，影响到我们的心理健康和正常生活。了解了爱情的心理学定义，我们就可以更好地鉴别两个人之间的关系到底是不是爱情了，也能够以正确的方式来处理与异性之间的关系，有利于人际关系的和谐发展。

案例分析

这是爱情吗？

大三，在一次勤工俭学中我认识了一个很棒的男生。他是我们学校的优等生，拿过很多奖学金，他长相、身高样样出色，大家都说他是校草。据说他家是书香门第，父母都是大学教授。最可贵的是他的言行举止让人觉得很舒服……怎么会有这么完美的男生？这就是传说中的白马王子吧。

第一次见到他就觉得自己堕入爱河了。虽然后来再也没有机会相处，但我私下收集了他很多的信息。越了解他，我的爱就越深。我准备了一个小本子，把他的优秀之处都罗列在上面，写了很多页，他的优秀就是我通往甜蜜爱情的保证。我常想："如果我们能在一起，那我一定是世界上最幸福的女孩。"

不过，我一直没敢对他表白，也许他也已经忘了我这个普通的女孩吧。他还没女朋友，所以我总觉得自己还有机会，但我能用什么方法去打动他？几个闺蜜总是劝我："别傻了，迷恋一个不认识的人，你根本就不了解他。"

这么完美的男生即使不认识也是值得迷恋的。我已经拒绝了几个男生的试探，他们和他没法比。我已经完完全全被他吸引了，可是他不知道我对他的爱如此汹涌，毕业就在眼前，如果再不表白，我会不会就此错过他，错过幸福？

——小薇的独白

讨论

1. 从小薇的独白中，你觉得她的经历是爱情吗？为什么？
2. 你觉得小薇下一步应该怎样做？

三、爱情的基本类型

在影视剧和生活中，我们常常感觉到某对情侣的爱情与另外一对情侣的爱情好像完全不同，似乎爱情也分不同的类型。的确，一些心理学家经过研究认为，爱情是可以分为不同类型的。

美国心理学家斯腾伯格提出了"爱情三角理论"，他认为任何一个爱情都有可能包含三个部分：亲密、激情以及承诺。亲密是指双方保持联络和相互接触的感觉；激情是指促使双方怦然心动、相互吸引以及进行性行为的动力；承诺是指双方为维持感情而做出的口头承诺和实际行动（主要表现为对爱情的忠诚和责任心）。在每个爱情中，这三部分所占的比例不同，所以就表现出不同的爱情种类。

斯腾伯格根据这一理论对爱情进行分析，提出爱情的八种类型：

无爱：三个部分都不具备，比如包办婚姻。

喜欢：只有亲密的关系，双方在一起感觉很舒服，但是觉得缺少激情，也不一定愿意忠诚于对方，厮守终生。

亲密
（喜欢——只有亲密）

浪漫的爱
（亲密+激情）

伴侣的爱
（亲密+承诺）

完美的爱
（亲密+激情+承诺）

激情
（痴迷的爱——只有激情）

愚昧的爱
（激情+承诺）

承诺
（空洞的爱——只有承诺）

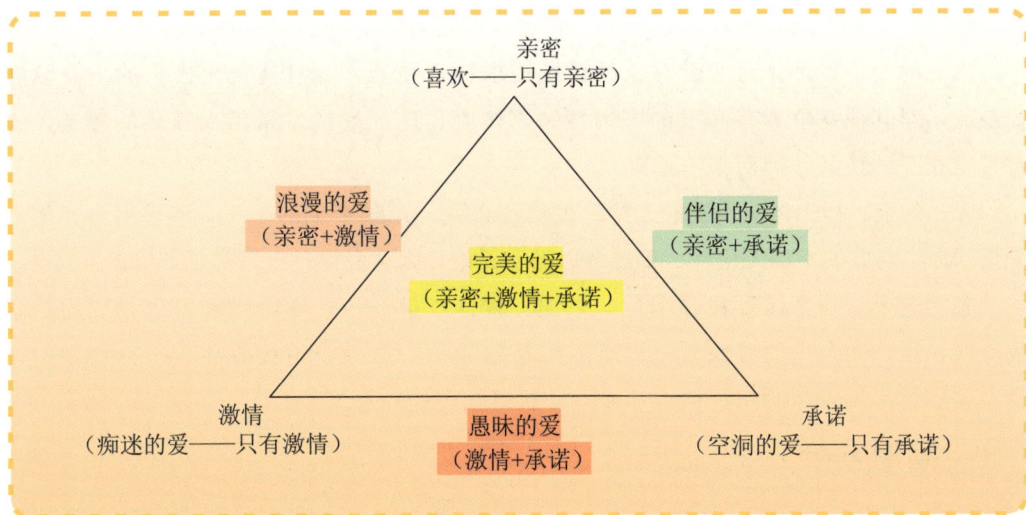

痴迷的爱：只有怦然心动的感觉，认为对方有强烈的吸引力，除此之外，对对方了解不多，也没有想过将来。

空洞的爱：只有对爱情的忠诚，认为爱情是一种责任和义务，相互之间没有心动或兴奋的感觉，也缺少心灵的沟通和接触。

浪漫的爱：有亲密的关系，也有怦然心动的兴奋体验，但是不一定愿意忠诚于对方，厮守终生。

伴侣的爱：有亲密关系，也愿意忠诚于对方，但是缺乏兴奋和激情。

盲目的爱：有怦然心动的感觉，并且愿意终生忠诚于对方，但是与对方没有足够的沟通和接触，没有亲密的关系。

完美的爱：同时具备亲密、激情和承诺三个部分。

斯腾伯格认为，虽然爱情包括这八种类型，但是其中只有三个部分都具备时才是真正的爱情（即完美的爱），其他类型都不是真正的爱情，它们最多只能是爱情的前奏（比如，喜欢、痴迷的爱、浪漫的爱及盲目的爱等）或者爱情经过发展变化，其性质发生改变后的情况（比如，空洞的爱和伴侣的爱）。

加拿大社会学家约翰·李根据爱情对人的不同意义，将爱情分为六种类型：

情欲的爱：指个体追求的爱人在外表上与自己心目中的偶像极为相似，因此，出现一见钟情、想与对方在一起的冲动，但是缺少与对方的心灵沟通，只是凭借冲动和激情维持的爱情。

游戏的爱：即花花公子式的爱情。个体将爱情视为一场让对方青睐自己、追求自己的感情游戏，在游戏过程中并不会投入真情实感，重视过程而非结果，经常更换游戏的对象，不愿承担爱情的责任，重在寻求恋爱的刺激和新鲜感。

友谊的爱：以友谊为基础，双方在长期了解的基础上逐渐发展出爱情，能够相互协调解决分歧和矛盾,体现出以融洽、温馨和稳定为特征的伴侣关系。

占有的爱:指个体对恋爱对象的情感需求特别强烈,并且体现出极强的占有欲和控制欲,对其他竞争者有高度的警惕性和嫉妒心。这种爱情常常给人狂热的感觉,也常带来相互的猜疑,因而很不稳定。

无私的爱:指个体对所爱的人持一种牺牲自我、无私奉献的态度,不求对方回报的爱情。为了对方的幸福无论什么都愿意去做,无论什么都舍得付出,甚至不惜伤害自己。

实用的爱:指个体寻找在个性、兴趣、教育背景等各方面条件和自己相匹配的恋爱对象,在找到合适的对象后,再培养感情的爱情。这种爱情比较注重对方的现实条件,希望付出较少的时间、精力和成本,获得较多的利益。

📖 案例分析

甜蜜的"烦恼"

和她在一起我很累,我必须时刻给她安全感,不能离开她身边。生活上的所有事情她都让我帮她决定,连每天出门穿什么都要我替她选。一开始我觉得这样很自豪,觉得自己是"大男人",可没多久,我就发现这样好累。无论什么时候,无论在忙什么,都要立即接她电话,回她短信。为了她,我的工作没法做好,错失了不少升职的机会。有一次我想和朋友出去打球,大家都是男生,说好了不带"家属"。可她却一定要跟着,其实她不喜欢打球,也不喜欢听男生之间的话题,可就是要跟我去,后来弄得好尴尬。

为了24小时黏着我,她跟她的姐妹都断了联系。本来我们俩的公司相距不远,但为了离我更近点,她辞掉稳定的工作,来到我同一栋写字楼的一个小公司当临时工……我真不明白她干吗要这么做,再爱我也不用这样啊。

第一次分手,是因为开会我没有回她的短信。她就直接冲到会议室找我,结果同事还以为我犯了什么严重的错误。我受不了她这么小题大做,就提出分手。结果当晚她堵在我的楼下大哭,哭得都快断气了……我不忍心,也怕继续这样惊动四邻,就同意不分手了。

后来,我实在是受不了她这么缠着我,就隔三岔五提出分手,但一点用都没有。我不知道她这么在乎我是不是因为太爱我了,可是她爱我的方式我真的接受不了。我该怎么做?

——阿德

讨论

1. 上述案例中,"她"对阿德是一种什么样的感情?

2. 你觉得阿德下一步应该怎样做?

3. 你觉得什么样的人更适合做"她"的男朋友?

四、爱情的发展过程

俗话说："冰冻三尺，非一日之寒。"事情都是逐渐发展变化的，爱情也是如此。无论是最伟大、最动人的爱情，还是最残酷、最凄美的爱情，都不是一天两天形成的，都是从最开始的相遇逐渐发展而来的。爱情的发展过程很重要，它能直接影响到爱情的结果。如果我们每天都不去关注爱情，不为爱情付出，又怎能指望自己拥有美好的爱情呢？

美国心理学家莫斯坦提出了爱情的 SVR 阶段理论，指出爱情的发展可以分为"刺激（stimulus-S）""价值（value-V）"和"角色（role-R）"三个阶段。（1）刺激阶段：指双方的第一次接触，在此期间双方主要从体貌特征、穿着打扮、言行举止等外表上互相吸引，开始最初的沟通和交流。（2）价值阶段：指双方随后的几次接触，这一阶段双方开始相互了解对方的兴趣爱好、气质性格、理想信念和生活习惯等较为深入的信息，在此基础上对对方的价值取向进行评估。双方如果觉得彼此的价值取向比较协调一致，则感情可能会进一步发展。否则，会倾向于终止感情的发展。许多同学在尝试恋爱几周到两三个月就分手，有不少就是因为双方的价值取向难以协调。（3）角色阶段：双方基本协调好彼此的价值取向后，便开始相互承诺，尝试扮演对方要求自己扮演的角色，如果双方都能基本完成要求，对彼此的表现都比较满意，则爱情的关系基本确立，且比较稳定，能够向更深层次发展。

在现实生活中，我们也能够总结出爱情的一般过程，大致可以分为四个阶段。一是求爱阶段，当一方寻找到自己中意的恋爱对象后，便可以开始求爱的过程。当然，不同的人在这一阶段的经历是不同的，也许求爱很顺利，恰好对方也对自己中意；也许求爱经历了一些坎坷，还要通过一些考验；也许求爱遭到拒绝等。二是热恋阶段，求爱成功后，双方确立了恋爱关系，通常彼此之间会非常亲密，想要时刻在一起，难以忍受分离。三是相对独立阶段，热恋很美好，但是随着时间的推移，一方会开始想要多点时间和空间做其他的事情，而另一方则会感到被冷落，因此会出现矛盾，如果双方不能有效地解决矛盾，则爱情很有可能面临危机。四是爱情质变期，这一时期爱情通常会向两个不同的方向发生质的变化。如果前一阶段的矛盾有效解决，则双方能够形成比较稳定的恋爱关系，并且建构成熟的相处之道，爱情会质变为婚姻关系。如果矛盾没有得到解决，则双方会对彼此感到厌倦，对这段感情缺乏期望，爱情逐渐终止。

第二节　大学生恋爱的心理特征

大学生正处在青年初期，身心发育基本成熟；大学校园又是男女生聚集在一起共同学习生活的地方，接触同龄异性的机会很多；校园生活比较悠闲，既有时间又有精力……这些因素都有利于大学生之间产生爱情。因此，在大学校园里，我们经常能够看到一对一对的学生情侣。与其他年龄段的人或者生活在其他环境下的人相比，大学生恋爱具有一定的特殊性，大学生在恋爱过程中也会遇到一些特殊的问题困惑。

一、大学生恋爱的总体特征

每一段恋情都不会相同，每一对情侣都不会一样，但是总的来看，当前的大学生恋爱也有一些共性的特征。

第一，恋爱公开。大学以前，同学们大多背负着努力学习、应对高考的重任，面对繁重的学习任务，还有老师和家长的密切关注，许多人都没有时间、没有精力去谈恋爱，即使有部分同学恋爱，也大多不敢或不愿公开。大学则不一样，没有老师和家长时时督促，学习生活的氛围轻松自由得多，恋爱也没什么人反对，有的甚至自我感觉"恋爱了，很骄傲"。因此，大学生普遍乐于公开自己的恋爱，甚至有的同学不注意场合和别人的感受，在公共场合也做出一些过于亲密的行为。

第二，目的多样。大学生谈恋爱的目的各不相同，主要有以下几种：排解寂寞、展示自己的魅力、体验浪漫的感觉、积累恋爱经验以及寻求现实帮助等。此外，还有一部分同学恋爱是因为周围同学恋爱了，自己不恋爱似乎不好。大学生恋爱的目的多样，而且往往是多种目的的共同存在。

第三，注重过程。大学阶段的同学们未来的路还基本没有确定，毕业后的去向还存在不少变数，因此，许多同学并没有对恋爱的未来发展抱太多希望，他们"不在乎天长地久，只在乎曾经拥有"。比较注重恋爱的过程，对恋爱的结果没有太多考虑。

第四，随意性大，成功率低。由于大学生在恋爱心理方面还不是很成熟，对爱情的情感体验和理智思考还不充分，所以容易出现盲目恋爱的情况。一旦发现自己心仪的对象，感情容易冲动和激烈，迅速展开求爱行动。但往往因为恋爱的准备不足而难以成功，随后易产生挫败感和自卑感，引发各种心理问题。

第五，关系脆弱。大学生恋爱时间短，感情没有很深的根基，双方相处容易出现矛盾。特别是当代大学生独立意识较强，在解决矛盾时困难重重。此外，由于大学期间潜在的恋爱对象比较多，重新开始恋爱比较容易。因此，大学生的恋爱关系常常比较脆弱，常常因为恋爱遭遇挫折影响心理健康。

第六，容易陷入性困扰。部分大学生对性知识一知半解，对性行为的后果缺乏足够的思考，性道德观念相对薄弱，再加上对性有较强的好奇心，因此，容易出现不计后果的性行为，身心容易受到伤害，陷入性心理困扰之中。

二、大学生常见的恋爱困惑

对于许多大学生来说，初尝恋爱的滋味，心中常常会产生各种困惑。其实这也不奇怪，就像我们刚开始学习一门课程，总会有许多不能理解的东西，总想尽快弄懂。可是爱情偏偏又是非常复杂的一门课，在学习的过程中难免疑惑重重。下面我们就分析一下大学生常见的一些关于恋爱的困惑。

第一，开不了口。对部分同学来说，向心仪的恋爱对象开口表白真是很难的事情。有的同学是不敢开口，觉得自己配不上对方，害怕对方拒绝，但是又放不下。有的同学是不知道怎样表达自己内心的爱，找不到合适的方式来诉说情感。如果长期开不了口，往往变成单相思，容易引发很多的心理困扰。

第二，错把友情当爱情。部分同学对爱情一知半解，把一些类似爱情的情感错误地理解为爱情，其中最容易产生误会的就是友情。在现实生活中，有的同学之间看上去像在恋爱，其实这只是其中一方一厢情愿，自以为在跟对方谈恋爱，对方只是把这段感情当作友谊。双方就在这样的误解中保持交往，最后当了解到对方的真正态度后，往往会给当事人带来很大的打击。

第三，拒绝不了。有的时候我们根本没留意的人却对我们表白了，而且看上去特别真诚，有时甚至出现门口堵、路上截的极端情况。我们应该怎么办？怎样才能有效地拒绝对方，让对方知道这不是所谓"考验"，让对方相信无论如何都不可能在一起？

第四，难以协调彼此的差异。两个人在一起，总会有差异。这种差异有时是兴趣爱好的差异，有时是生活习惯的差异，有时是思维方式的差异，有时是性格的差异，有时是理想规划的差异……如果不能很好地协调彼此的差异，对双方的感情会产生不利的影响。俗话说"相恋容易相处难"，许多情侣分道扬镳都是这个原因。

第五，失恋的痛苦。也许我们刚一开口，就不得不面对失败；也许我们已经一起走过了很多路，但最后还是不得不分手；也许，从喜欢对方的那一刻开始，就已经意味着失恋。失恋的痛苦，有时候是难以言说的，我们应该如何面对？我们应该怎样做，才能从失恋的阴影中走出来，去迎接明天的阳光？

第六，充满变数的未来。大学时光，不短，也不长。当毕业来临时，我们的爱情会怎么样？也许我们可以暂时回避，可以不用去想。但是毕业就在那里，终究会来。家庭的期望、工作的牵绊、自己的理想，爱情要面对的阻碍太多太多，我们能够继续走下去吗？

第三节　大学生恋爱心理与性心理调适

恋爱过程中出现困惑是一件正常的事情。特别是对于大学生而言，许多困惑既是我们面临的麻烦，又是我们学习爱情的机会。只要我们能够正确地去面对，积极地学习爱情的有关知识，树立正确的爱情观念，在实践中提高自己爱的能力，遇到挫折的时候保持积极的心态，就能够培养出一颗"懂爱"的和"会爱"的心，当缘分来临的时候，就能够抓住属于自己的甜蜜爱情。下面我们就来谈一谈大学生应该怎样进行恋爱心理的调适和性心理的调适。

一、大学生恋爱心理调适

首先，我们要了解爱情的知识，因为只有懂得爱情是什么，我们才能按图索骥，在现实生活中追寻爱情，否则就像盲人摸象一样，很容易在恋爱的过程中犯错误。关于爱情的知识有很多，比如，爱情的本质、爱情的类别以及爱情的发展规律，这些都是最基本的知识，在本章第一节中已经有简要的介绍。此外，我们还可以在课外学习一些扩展知识，比如：一个人爱上别人时，他（她）可能会有哪些表现？爱情与婚姻的关系是什么？有哪些因素影响着我们对恋爱对象的选择？爱情幸福不幸福与经济条件好不好有关系吗？尽量多掌握这些与爱情有关的知识，能够帮助我们更加全面地理解爱情、更加敏感地体会爱情、更加理智地应对爱情，做一个真正懂得爱情的人。

其次，我们要树立正确的、符合道德规范的爱情观念。大学生要成为高素质的人才，不光是要学习知识，更重要的是要学会做人。体现在爱情方面，就是要做到以下几点。

第一，不能随便爱。现实生活中，不少的同学抱着"为了谈恋爱而谈恋爱"的心态，随随便便找一个恋爱的对象，只为了体验一下恋爱的感觉，当觉得没意思了，就随便分手。有的同学甚至同时和不同的对象保持恋爱关系，玩"多角恋"，把恋爱当儿戏。殊不知，这样做的结果就是：当你想真真正正谈恋爱，想找人生伴侣的时候，已经没有人会信任你了。

第二，要以诚相待。对待恋爱对象要诚实，双方要互相坦白、互相信任。有的同学对自己的优点和长处夸夸其谈，对自己的缺点和不足则避而不谈，甚至弄虚作假，撒谎骗人。在不诚实的基础上构建爱情，就像是在高楼大厦底下埋了一颗定时炸弹，总有一天会败露，会爆炸，爱情的高楼也岌岌可危。

第三，爱要专一。爱情是具有排他性的，即爱情只能是两个人之间全心全意地爱着对方，任何一方不能再爱上第三个人，也不能接受第三个人的表白。古往今来，许多恩恩怨怨皆因为爱情的不专一,因爱而生恨。不专一的爱情就像是种下了仇恨的种子,后果不堪设想。

第四,要相互尊重。每个人的价值观念不同,在爱情中也是这样。如果对方的看法和自己不一样,我们不能够强迫对方听从自己的意见,因为这是不尊重对方。尊重是爱情的基础,连尊重都做不到,爱情又从何说起?所以我们要尊重对方,有分歧时不妨站在对方的角度来看待问题,换位思考,求同存异,懂得相互妥协。

第五,文明恋爱。有的时候,恋爱不是两个人的事,特别是在大学校园内,基本上都是公共场合,谈恋爱也要遵守公德。有个别同学在公共场合做出不够庄重,甚至肆无忌惮的言行,引得周围的人都无法直视。要记住:文明恋爱,才能得到大家的祝福!

第六,爱情可以有,身份不能忘。大学生是在校学生,读大学的目的主要是学知识、学技能、学做人,千万不能因为谈恋爱而忘记了自己的身份。大学生活相对自由,有的同学整天沉迷于恋爱中,忘记了自己读大学的目的,等到毕业的时候才明白:大学里爱情可以只是花前月下、不问世事,但是到了走进社会,爱情就必须柴米油盐、饮食男女了,等到沦为了"毕分族",就真的是悔之晚矣。

最后,恋爱要讲究方式方法。爱情要甜蜜,除了观念要正确,方式方法也不能小视。面对恋爱过程中常见的一些小困扰,我们要有针对性地去分析、去解决,下面就为大家提供一些小诀窍。

第一,表达爱的小秘密。表达爱的方式有很多,可以话语传情,可以通过文字表达自己的情感,还可以通过明显的行动表达自己的爱意。选择表达方式的时候要考虑对方可能最喜欢哪种方式,也要考虑自己最擅长哪种方式,当然也别为了表白影响其他同学的心情。总之,表白最需要的是真诚和勇气。

第二,关系暧昧时,尽早验证是不是爱情。如果你觉得对方是在跟你谈恋爱,不过没有明说,而你也的确想跟对方谈恋爱。那么就应该尽早把你心中的感觉说出来,看看对方是什么态度。如果爱情只是自己的想象,尽早验证可以避免双方的误解进一步加深;如果爱情的确存在,尽早验证可以统一双方的意见,推动爱情的进一步发展。

第三,拒绝也有诀窍。成功的拒绝既要明确地表达自己的意见,又不能伤害对方的自尊心,所以怎么说就很有讲究。不过总的来讲,抓住"诚恳、委婉、坚决"这三个中心,大概就能够拒绝成功了。不过,对于那些死缠烂打的家伙可就另当别论了。

第四,求同存异,爱情才能长久。求同,是指双方要达成一致意见;存异,是指双方的差异可以搁置起来,不用去管它。在爱情中把握好求同存异是一门大学问。在一些对双方有重大影响或需要立即统一意见的事情上,要求同。求同就意味着一方要宽宏大量些,要多让一点步,多容忍一下,多宽容一点。在另一些无关紧要的方面,则可以存异,双方各有各的兴趣爱好、行为习惯、观点态度,适当保留,能给爱情保留持续的新鲜感。

第五，理性应对失恋。失恋是一件痛苦的事，但是失恋不等于失去了全部，因为爱情本来就不是生活的全部。特别是对于大学生来说，许多同学才刚刚开始接触爱情，失恋是很正常的事情。所以我们要理性地应对失恋，通过倾诉、转移注意力等方式宣泄心中的痛苦，回归到正常的学习生活中。我们要理性地思考失恋的原因，从失败中吸取教训，总结经验。

第六，共同规划未来。真正健康、良好、可持续的爱情关系，应该是两个人为彼此的人生发展相互扶持，共同规划和努力，守望相助，共同实现人生的目标。规划人生是大学生最重要的任务之一，我们不能只是享受爱情一时的甜蜜，还要积极地为爱情的发展去商量、去谋划、去努力。

二、大学生性心理调适

案例分析

最后一道"防线"，我该坚持吗？

我今年17岁，男友18岁，我们交往一年多，彼此爱着对方，彼此也付出过许多。

无论在生活上还是学习上，他对我的帮助都很大。他的学习很好，善于打篮球，人缘也很好。在和他交往之前，我们在网上就认识半年多了。他很了解我，也很关心我，我们有什么事也会跟对方坦白，他从没有欺骗过我。我是他的第二个女友，而他是我的第三个男友。前不久，他问我可不可以和他"突破最后那道防线"(发生性关系)，他说了，他会始终尊重我，决定权在我手上。

我心里很矛盾。我家人和他家人的思想都比较传统，我真的不知道该如何解决，我应该坚守最后的"防线"还是为他而放弃？放弃后真的会幸福吗？为一个他放弃做处女，值得吗？

大学生用手机"寻"一夜情遭遇"仙人跳"

大学生小张喜欢用手机上微信，经常用聊天软件寻找"附近人"。不久前，他与一名叫"小月"的女网友聊得十分投机。1月5日17时左右，小张和小月相约在某旅店201室见面，彼此发现网上图片与真人相差不多，谈得也很兴奋。

小张以为"艳遇不浅"，话题马上就要进入主题了，忽然进来两名男子，将小张一顿暴打。捂着伤口的小张问来人是谁，对方气愤地问："谁叫你动我女朋友的？你说咋办吧？"小张懵了，来人顺势抢走小张的苹果手机和1200元人民币以及他的身份证。两名男子骂骂咧咧地把小月带走了，还放话说："你小子以后给我小心点！"小张冷静下来后琢磨不对劲，可能是上当了！

讨论
1. 如果你是案例 1 中的女生，你会怎么办？为什么？
2. 案例 2 中，小张为什么会被诈骗？
3. 大学生应该以什么态度面对性的诱惑？

爱情是两性之间的感情，性与爱有着天然的联系。如果性心理有偏差，往往会引发爱情的重大变故，或者埋下严重的隐患，甚至影响人一生的幸福。因此，要保证爱情的幸福和甜蜜，性心理调适是必须要做好的。性心理调适主要有哪些方面呢？

第一，掌握科学的性知识。大学生都应该掌握的性知识包括：两性身体构造的差异、怀孕与避孕的知识、与性有关的疾病知识、性器官的保健常识、大学生性生理的变化特点和性心理的发展过程等。只有掌握了科学的性知识，才能够明白性是怎么一回事，消除不科学的性观念和性神秘感，明白性行为带来的后果，保证性生理和性心理的健康。

第二，培养良好的性道德。性事关双方的名誉和尊严，与身心健康也有关系，还与生育密切相关。如果发生婚前性行为，不仅会损坏当事人的名誉和尊严，还可能沾染性病或者引发性心理问题，甚至祸害下一代。因此，对于性，不能为所欲为、放纵轻薄，两个真正相爱的人，应该为彼此着想，为爱情的长远发展着想，遵守性道德的要求。

第三，积极大方，有礼有节地与异性交往。现代社会，男女交往早就不像封建社会那样被视为"洪水猛兽"，我们大学生是富有青春活力的一代，与异性的正常交往是我们的自由和正常需要。心理学研究表明：保持与异性的正常交往有助于心理压力的缓解、人际交往能力的提高以及性心理的健康。但是在与异性交往的时候要特别注意尊重彼此，尊重社会规范，在行为举止方面要有礼貌、懂规矩。

第四，增强自控能力。性冲动是一种正常的生理反应，我们不能大惊小怪，更不能不加控制。我们大学生要注意培养自己的意志，增强自控能力，在遇到性诱惑的时候能够理性看待自己的性冲动，控制自己的行为，维护自己的身心健康，对人对己负责，避免一失足成千古恨。

第五，丰富大学生活，积极追求人生目标。在大学校园里，我们有很多有意义的事情可以去做，最重要的是学知识、学技能，还要积极参加各种课余活动，提高自己的文化修养、实践能力，培养兴趣爱好。我们的青春时代很短暂，也很宝贵，珍惜大学时光，做一些更有意义的事情，追求自己的人生目标，比沉迷于低级的欲望有价值得多。

本章小结

★ 爱是一门艺术,每个人对这门艺术的理解和认知可能有很多不同之处。

★ 爱情没有公式,范例不可复制;爱是一种能力,爱的能力需要培养。

★ 相爱的人彼此相爱,但不能让爱成为关系的束缚。

★ 爱者有力量,健康成熟的关系会让我们成为能够给予爱、也能够接纳爱、充满力量的人。

思考题

1. 爱情的心理学含义是什么?爱情有哪些特征?

2. 大学生恋爱的总体特征是什么?

3. 怎样树立正确的爱情观念?

【心理情景剧】爱的艺术

一、活动的主题与目的

活动主题:学习爱的艺术。

活动目的:提高大学生恋爱的心理调适能力,包括如何表达爱、如何拒绝爱、如何维持爱以及如何正确对待失恋等。

二、活动的理论依据

美国心理学家慕斯坦提出了爱情的 SVR 阶段理论,指出爱情的发展可以分为"刺激(stimulus-S)""价值(value-V)"和"角色(role-R)"三个阶段。

三、活动的内容与方法

通过恋爱心理情景剧的表演,使表演者、观看者能体验在爱情的各种困惑中的心理变化,并且提高恋爱心理的调适能力,初步了解爱的艺术。

相关剧本:

四幕心理情景剧《爱的艺术》

第一幕 表白

人物:小强、小玲

（小强在座位上坐着，音乐响起）

旁白：小强和小玲是同班同学，平时上课，小强经常坐在小玲旁边，渐渐地，他觉得这位脸上常带着笑容的女生很可爱，上课、下课，他都会留意着她的一举一动，尤其是她开朗的性格和乐于助人的热情，让小强特别有好感，经过再三考虑，他决心要向小玲表白……

（小玲从门外进来，向小强走去）

小强："Hi!"小玲！

小玲："Hi!"小强，你也在这里看书啊？

小强：是啊，呵呵，我看你经常在这里看书，想向你学习，也勤奋一点。

小玲：（放下书本）嗯，好啊，我们一起看书。

小强：好。

（沉默了一会儿，小强终于鼓起勇气）

小强：小玲，我有个问题想问问你。

小玲：什么问题？你说吧。

小强：我……我……我觉得你很好，又热情，又开朗，我进校以后就喜欢上你了。特别是那次去特殊学校看望聋哑的孩子们，你是那么有爱心，真的让我很感动。

小玲（不好意思地）：我没什么啊。

小强：我也不知道怎么说，呵呵。我就是觉得想跟你在一起。我很喜欢你，不知道你，你，能不能做我的女朋友呢？

小玲（不好意思地，卷起书本，准备离开）哦，这，我，我还没有想过啊，我室友找我有事，我先回去一下。

小强（有点失落）没事的啊，你可以好好想想，不过我真的很喜欢你。希望能做你的男朋友。

小玲（走向门口，回头一笑）嗯，"byebye"！

第二幕　拒绝

人物：小明、小兰

（小兰在讲台上站着，音乐响起）

旁白：小明是校篮球队的队长，高大帅气，每次篮球比赛，他都会引来一帮女"粉丝"在场边喝彩尖叫。小兰就是他最忠实的粉丝，小兰一直暗恋着小明，还经常和小明一起外出吃饭、逛街，每次小明训练、比赛，小兰都会陪着他去，给他买水、擦汗。小兰以为小明接受了自己的爱，其他同学也以为他们两个人在谈恋爱。今天是情人节，小兰想求证一下两人的关系，鼓起勇气，向小明表白了……

(小明从外面走来)

小明：小兰，这么晚了，约我出来什么事啊？

小兰(幸福地)：小明，今天是什么日子？你……知道吗？

小明：嗯？什么日子？……情人节啊！到处都是卖花、买巧克力的。

小兰(不好意思地)：人家约你出来，你不知道为什么吗？

小明：这个……这个……我怎么知道啊，你直说啊。

小兰：这么久以来……我……我……其实早就想跟你说了。

小明：说什么？

小兰(深情地望着小明)：我……我喜欢你，我……想做你的女朋友。(不好意思地捂住脸)

小明：啊？……哦。

小兰：你在我心里是最帅的，你一直对我也很好，同学们都说我们在谈恋爱，你……你是把我当作你的女朋友吗？

小明(急着解释)：不是这样的，他们都是瞎说，我对你就像我的小妹妹一样。我们之间没什么的，是你想太多了。

小兰(吃惊地看着小明，3秒过后，哭着跑出去)

小明(跟着跑出去)：小兰，你怎么回事啊?!

第三幕　坚持

人物：小强、小玲

(两人站在讲台前，音乐响起)

旁白：小玲接受了小强的表白，他们成了一对幸福的恋人。经过一段时间的相处，两人的关系挺不错的。时间过得很快，一转眼，就到了大三下学期。就要毕业了，两人都在为未来的工作而忙碌。小玲希望小强留在中山工作，小强却另有苦衷……

小玲：小强，你前天的面试有结果了吗？那家公司有没有打电话来？

小强：还没有啊，可能又当炮灰了，毕竟是世界500强，想进去不是那么容易的。

小玲：没关系的。我可以让我舅舅帮你再问问，有没有适合的工作。只要你能留在中山，留在我身边，你要我做什么都可以。

小强：我也想留下来，但是，我老爸他们在湛江那边，他们就我这一个儿子，他们很想让我回去。

小玲：你一定要留下来啊，小强！别忘了，你说过要一辈子跟我在一起的。

小强：但是我爸妈也离不开我啊，他们老了，我不回去，谁来照顾他们？

小玲(抱着小强激动地)：小强！别离开我啊小强！

小强：好好好，知道了，明天还有面试，我要去准备一下。(走出去)

小玲：晚上我等你吃饭。(也走出去)

第四幕 失恋以后

人物：小兰，小兰的父亲

(小兰在台上哭，把头埋在手臂里)

旁白：小明拒绝了小兰的爱，小兰痛不欲生。在一个漆黑的夜晚，她独自一人来到篮球场上，看着曾经在这里，她为小明擦汗的那一幕幕……

小兰：问世间情为何物，直教人生死相许。

(在台上开始慢慢踱步)曾经，有一份珍贵的爱情摆在我和他的面前。

(转身，继续踱步)但是，他没有珍惜。在那份感情里，我付出了那么多、那么多，几乎是我的全部！

(突然停下)为什么?! 为什么你不能答应我。答应我做你的爱人？

(转身，继续踱步)看到别的女生在你的身边，我的心在滴血，我恨你，但是，我更恨我自己！

(抱着双臂，寒冷的感觉)为什么我没有她们那么高？为什么我没有那么美？为什么我为你付出那么多，你却无所谓？

(寒冷，非常寒冷)再见吧，我亲爱的小明！今生无缘，希望我们来世能再见！

(飞快地跑出去)

(小兰的父亲在后台哽咽：小兰——小兰你为什么要这样?! 我的宝贝女儿！是谁把你害成这样?!)

(哀怨的音乐起)

【课后导读】

[1] 毕淑敏. 爱怕什么[M]. 北京：华夏出版社，2006年1月版.

[2] 璐琦. 最美的爱情故事[M]. 北京：中国华侨出版社，2012年8月版.

[3] 刘墉. 爱到深处已无言[M]. 合肥：安徽教育出版社，2011年1月版.

第七章　与"压力"共舞
——压力管理与心理韧性培养

学习目标

※ **能力目标**
- 掌握压力调节的常用方法
- 掌握心理韧性的培养方法

※ **知识目标**
- 正确认识压力以及挫折
- 了解压力存在的意义与作用

※ **素质目标**
- 增强心理韧性和承压能力
- 科学管理压力和积极应对压力

引　言

　　压力存在于生命的整个过程，没有压力就没有动力，人的成长更是离不开压力的促进和推动作用；但是压力过大也会带来一系列的问题，可能会产生挫折和创伤。因此，压力、挫折是我们生活中绕不开的话题。每个人都会面临一些无法逃避的心理状态，压力不仅仅来源于一些挫折或者磨难，微小的事情堆积也会形成压力。20世纪70年代末著名电影《创业》中有一句话"人没压力轻飘飘，井没压力不喷油。"当代人更是生活在重重压力之下，由于压力而带来的"亚健康"问题也是层出不穷。如何正确认识压力？如何平衡压力过度与压力缺乏之间的关系、学会对自我进行正确的压力管理？如何正确认识挫折？如何看待挫折？本章将带你了解这些知识，使你在人生的旅途中，正确认知压力，学会进行压力管理，从容应对压力，与压力"共舞"，实现自我突破，享受积极向上的大学生活。

📖 小 故 事

一杯水的重量

有一位讲师在压力管理的课堂上拿起一杯水，然后问听众说："各位认为这杯水有多重？"听众有的说200克，有的说500克不等。讲师则说："这杯水的重量并不重要，重要的是你能拿多久？拿一分钟，各位一定觉得没问题；拿一个小时，可能觉得手酸；拿一天，可能得叫救护车了。其实这杯水的重量是不变的，但是你拿得越久，就觉得越沉重，这就像我们承担着压力一样，无论这个压力开始时是多么微不足道，但如果我们一直把压力放在身上，随着时间的持续，最后会觉得压力越来越沉重而无法承担。所以，我们要做的是：放下这杯水，休息一下后再拿起这杯水，如此我们才能拿得更久。"

分析：当今社会存在如此激烈的竞争，会让大家觉得很累。但为什么也有一些人却能够应付自如呢？上面的故事或许会给你启示：一杯水根本不是压力，但一杯水拿上一天，就变成了不堪承受的压力。重量没有变化，为什么你会变得不堪忍受呢？那是因为你长时间背负这个轻轻的水杯，这样它就变成了压力。工作中的压力越来越大，如果我们就像拿起杯子一样拿起它而不放下，即使一点点压力也会让我们不堪重负，但如果我们下班时将工作压力放下，而不带回家，好好休息，第二天再拿起压力，这样的话哪怕再大的压力也不会觉得苦了，甚至会把这种压力转化为一种动力！

⚙️ 心灵引导

患难困苦，是磨炼人格之最高学校。

——梁启超

第一节　什么是压力

一、压力的定义

压力在西方文献中也称为应激（stress），来源于拉丁文"stringere"一词，原意是痛苦，也是单词"distress（悲痛、穷困）"的缩写，有"紧张、压力、强调"等意思。压力是一般意义上使用的概念，应激则是临床使用的概念。压力在生活中无处不在，每个人都面临着不同的压力。压力是心理压力源和心理压力反应共同构成的一种认知和行为体验过程，会影响人们的身心健康。一般认为，压力的定义主要有三个方面：

1. 外部压力，也称为应激源、压力源。是指能够引发应对反应的刺激或者环境。如地震、火灾、车祸现场等；

2. 心理内部的紧张情绪，是指一种内心的挣扎状态，想解决却无法解决的心理状态，如海难的生还者，每当提及此事总是心有余悸；

3. 躯体反应，当遇到事件需要处理时，躯体产生的较高水平的唤醒状态。

压力既是一种刺激或消极的感受，也是一种人与环境的互动历程，压力的大小既取决于压力源的大小也取决于个人身心承受压力的强弱程度。

心理测试

大学生有着丰富多彩的梦想与追求，在实现这些梦想与追求的过程中，可能受到各种主客观因素的干扰与阻碍。面对挫折，你将持什么样的态度呢？下面先让我们来做个心理B超，了解自己对待生活挫折的态度。请在符合你的情况的题后面打"√"。

(1)如果自己被误解，我会尽力澄清。 （　　）

(2)想到明年，我想自己一定比现在更好。 （　　）

(3)我常停下脚步赞美美好的事物。 （　　）

(4)对我的朋友或恋人，我通常是赞美而不是批评。 （　　）

(5)我相信自己的心境对身体健康具有正面的影响。 （　　）

(6)我具有很强的适应能力。 （　　）

(7)虽然也有伤心的时候，但总的来说，我认为自己是快乐的。 （　　）

(8)我不期望别人能帮自己太多的忙。 （　　）

(9)我相信自己可以主宰自己的情绪状态。 （　　）

(10)我热爱自己现在的学业(或工作)。 （　　）

(11)我觉得要实现一个目标，一定有很多种方式可以选择。 （　　）

(12)这个世界上的事情，没有什么是永恒不变的。 （　　）

计分标准：若你有9题以上都打了"√"，说明你对待生活的态度是消极的；然后各组选出代表，分享一下自己对积极的生活态度和消极的生活态度的认识与体验。

二、压力源

压力源（stressor）是指引起压力反应的因素，是对个体的适应能力进行挑战，促使个体产生压力反应的因素。

压力源包括三种：生物性压力源、精神性压力源、社会环境性压力源。

1. 生物性压力源

生物性压力源是指直接阻碍和破坏个体生存与种族延续的事件，包括躯体创伤和疾病、饥饿、性剥夺、睡眠剥夺、感染、噪声、气温变化等。

2. 精神性压力源

精神性压力源是指直接阻碍和破坏个体正常精神需求的内在和外在事件，包括错误的认知结构、个体不良经验、道德冲突以及长期生活经历造成的不良个性心理特点（如易受暗示、多疑、嫉妒、自责、悔恨、怨恨等）。

3. 社会环境性压力源

社会环境性压力源是指直接阻碍和破坏个体社会需求的事件，包括纯社会性的，如重大社会变革、重要人际关系破裂（失恋、离婚）、家庭长期冲突、战争、被监禁等；还包括由自身状况（如个人心理障碍、传染病等）造成的人际适应问题（如恐人症、社会交往不良）等。

造成心理问题的压力源并不是单一的，绝大多数是综合性的。

造成心理问题的压力源绝大多数是综合性的，因此，我们在分析心理问题的根源时，必须把三种压力源作为有机整体来加以考虑。往往在生物性或社会环境性压力源的背后，还隐藏着深层的精神性压力源。

三、大学生常见的压力源

1. 新生适应

高中进入大学，是人生的重要转折，离开了长期依赖的家长，面对新的集体、新的生活方式和新的学习方式，有些同学开始出现不适应。有的同学是第一次离开父母来到远方求学，缺乏独立生活的能力，不知道怎么洗衣服。有的同学第一次住宿，不知道怎样与宿舍的同学相处。有的同学继续用高中的学习方法来学习大学课程，怎样努力成绩都不理想。有的同学觉得大学里的人际关系不像高中时候那样单纯，担心自己交不到朋友，怀念高中的老同学。总之，由于个体的差异，有些同学能够较快适应大学生活，有的却因环境变化而难以适应，从而情绪低落、迷茫。

2. 学习压力

大学是高中生向往、追求的目标，也是曾经放弃许多爱好而甘于在题海中跋涉的精神支柱。有的同学为了奖学金，或者保持在学习中的优势，除了专业知识的学习之外，还有各种资格证书、专升本，使时间难以合理分配，压力较大。有的同学进入大学，高中的学习目标实现之后，感觉迷茫，没有目标，认为进入大学就是自由了，到了大学应该好好享受轻松、自由的时光，学习动力不足。期末时，由于考核时间集中，学习又无人监督，很容易导致挂科或者成绩不佳，从而感觉焦虑、沮丧。

3. 交往压力

美国社会心理学家的一项调查认为，使人们感到幸福的不是金钱，也不是名利、地位、成功，而是良好的人际关系。大一刚入校的时候，许多同学带着良好的人际关系期望与同学往来，并且具有强烈的被同伴接纳的愿望，希望自己受欢迎、被信任，但往往一段时间之后，便失去了耐心和宽容，抱怨他人太自私，或者相处太难，或者觉得别人在与新的朋友交往而冷落了自己，导致了人际关系紧张，产生了孤独感。"踏着铃声进出课堂，宿舍里面不声不响，互联网上诉说衷肠。"这句顺口溜实际上反映了相当一部分大学生的人际交往现状。

4. 情感压力

爱情是人类永恒的主题，爱情使人成长，大学生对爱情充满了幻想，渴望拥有幸福甜蜜的爱情和美好的两性关系。但是，建立和维系一段亲密关系并不是一件容易的事，校园里的爱情面临着太多的不确定因素，爱情价值观还不成熟，大学生恋爱的时候也比较冲动。他们渴望爱情、追求爱情，却不知道想要的爱情是什么样的，盲目恋爱、从众恋爱比比皆是，把爱情想得过于完美，一旦出现问题和困难，就不知如何是好。有的同学失恋后长时间沉浸在痛苦的情绪里，无法自拔，荒废了学业，实在令人惋惜。

5. 就业压力

就业是大学生最为关注的话题。就业形势的变化，所找到的工作并不一定就是自己理想的工作，理想和现实的巨大差距变成了实实在在的现实压力。对于从校园到社会的准备不足，或是对激烈竞争的恐惧都带给大学生巨大的心理压力。

6. 家庭压力

大学期间的学费和生活费，是一些家庭经济困难学生的重要压力源，并带来一些心理压力。主要在于：一是生活上的窘迫，有的甚至不敢随便多吃，否则就没有生活费了；二是交往中的自卑，有的同学担心别人看不起自己，同学间不经意的一句话或者一个眼神，都会深深刺伤他们的心灵；三是对家人的内疚，有的同学父母老、弱、多病，有的同学家里是单亲家庭，最大的内疚就是对不起亲人，不想让家人替自己背上沉重的经济包袱，可是自己却无能为力。

第二节　压力反应及压力的动力作用

一、压力反应

心理实验

布雷迪的猴子

两只活泼的猴子被分别缚在两张电椅上，电流是每20秒激发一次。被电击的滋味当然不好受，它们开始号叫挣扎。

然而，猴子不愧为灵长类动物，甲猴子很快发现，它的电椅有一个压杆，只要在电流袭来之前压一下压杆，就可免遭电击；而乙猴子却发现，它的电椅上没有压杆。于是，甲猴子就担负起压杆的责任，它紧张地估算着电流袭来的时间——结果是，要么两只猴子同时逃脱电击，要么它们一起受苦。是逃脱还是受苦，这完全取决于甲猴子，于是甲猴子就背负着超强的心理负荷和责任感，而乙猴子虽然很无奈，却无忧无虑——最后，甲猴子得了胃溃疡，乙猴子却安然无恙。甲猴子要工作，它的责任重、压力大、精神紧张、焦虑不安、老是担惊受怕，它的消化液和各种内分泌系统紊乱。由此说明，过度的压力会产生过高的应激值，将严重损害身体的健康。

当人们面临压力时，会产生一系列的生理、心理和行为反应。这些反应在一定程度上是机体主动适应环境变化的需要，它能够唤起和发挥机体的潜能，增强机体的抵御和抗病能力。但是如果反应过于激烈或者持久，超过了机体自身的调节和控制能力，就可能导致生理、心理功能紊乱，继而产生心身疾病。

1. 生理反应

在压力状态下，机体必然伴有不同程度的生理反应，比如，心率加快、血压升高、呼吸急促、内分泌增加、出汗等，这些生理反应能帮助机体更有效地应付外界环境的变化。但是，如果长期处于压力之下，便会产生身体的不适与疾病，称为心身疾病。常见的心身疾病主要有心血管疾病、消化系统疾病和内分泌系统疾病，如高血压、冠心病、消化性溃疡、慢性胃炎、哮喘、糖尿病、甲亢等。这些疾病需要通过医学和心理两方面的治疗才有好的效果。

2. 心理反应

压力引起的适度心理反应有警觉、注意力集中、思维敏捷、情绪的适度唤起等，有助于个体应付环境。但过度的心理反应如过分烦躁、抑郁、焦虑、愤怒、沮丧、消沉，会使人自我评价降低，自卑，表现消极被动，可能降低注意力、工作能力和逻辑思考能力。

3. 行为反应

当个体面临压力时会有各种行为上的变化，这些变化取决于压力的程度以及个体所处的环境。一般而言，轻度的压力会促发或者增强一些正向的行为反应，如寻求他人支持，学习处理压力的技巧等。但压力过大过久，会引发不良适应的行为反应，如讲话结巴、动作刻板、失眠、效率下降、行为慌乱、易发生意外等。

二、压力的动力作用

压力会带来心理、生理和行为反应，那是不是人毫无压力便会感觉幸福呢？事实并非如此，许多心理学家通过"感觉剥夺"实验(这种非人道的实验现在已经被禁止)发现，为维持正常的状态，即为维持大脑觉醒状态的中枢结构——网状结构，人们需要得到外界的刺激以维持一个激活的状态。大脑的发育，人的成长成熟是建立在与外界环境广泛接触的基础上的，当外界接触被阻止时，大脑就即兴创作，自己产生刺激。即我们通常所说的产生幻觉。所以，压力太大使人崩溃，没有压力也很可怕！

🔹 心理实验

感觉剥夺实验

　　心理学上有一个著名的实验叫作"感觉剥夺"实验，是1954年由加拿大麦克吉尔大学(McGill University)的心理学家进行的。实验中被试安静地躺在实验室的一张舒适的床上，给被试戴上半透明的护目镜，使其难以产生视觉；用空气调节器发出的单调声音限制其听觉；手臂戴上纸筒套袖和手套，腿脚用夹板固定，限制其触觉。被试单独待在实验室里，刚开始，被试还能安静地睡着，但稍后，被试开始失眠，焦躁不安，急切地寻找刺激，想唱歌，吹口哨，自言自语，用两只手套相互敲打，或者去探索这间小屋……虽然每天能获得丰厚的报酬，但是也难以让他们在实验室中坚持3天以上。在实验室连续待了三四天后，被试产生许多病理性心理现象：如出现错觉幻觉、注意力涣散、思维迟钝、紧张、焦虑、恐惧等，实验后需数日方能恢复正常。

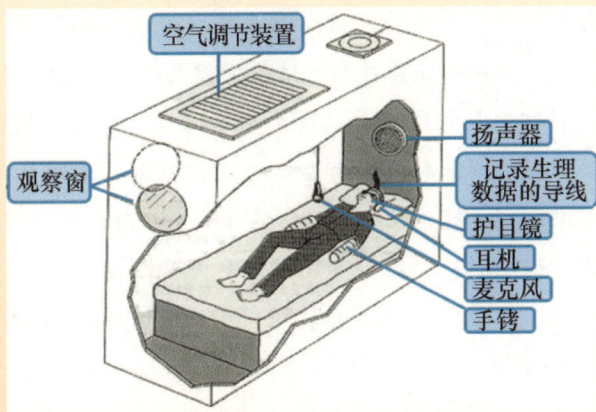

　　这个实验充分说明，我们在日常生活中所受到的各种刺激，包括社会刺激(如人们的思想、观念、道德规范、社会舆论、心理状况、工作环境和群体的人际关系等)、自我刺激(如自我认识、自我鞭策、自我调节、自我控制等)、物质刺激，这一切看似漫不经心地接受各种刺激，并由此而形成各种感觉，却足以"刺激"个体产生充分发挥创造力的强大压力，创造一种开拓进取的社会环境。工作富有挑战性，压力适中，负荷得当，有利于个体奋发进取。压力过轻，会使人能量"过剩"，滋生自满情绪；压力过重，又会使人能量"耗尽"，产生畏难情绪；唯有压力适度，个体才能恰到好处地发挥和使用自己的创造能量，克服保守情绪、怠惰情绪、知足情绪，不断进取，不断开拓，从而使自己的创造力得到充分发挥。

第三节　压力管理

压力管理，是指针对可预见的压力源进行必要的干预，维护身心健康，提高处理问题的效率，保证学习生活目标顺利实现的管理活动。压力管理带有一定程度的主动性和积极性特征，是主动和积极地对压力进行管理，而不仅仅是事后被动处理。压力管理可以从问题解决、情绪调整和生理应对三方面进行。

一、问题解决

问题解决策略即针对造成问题的外部压力源本身去处理，减少或消除不适当的环境因素，使造成压力的事件得以消除、解决的策略。关注问题解决，提高解决问题的能力，有两个主要途径，分别是获得社会支持系统和进行科学的时间管理。

社会支持系统是当你感觉到压力并试图解决的时候，所能得到的帮助。例如：学习上遇到困难，生活中有了烦恼，可以向老师和同学咨询、向师兄师姐请教、向朋友家人倾诉。不愿意求助别人、缺少社会支持，是大学生普遍存在的问题。

时间管理是有效地运用时间，降低变动性。时间管理是将工作任务按重要程度和紧急程度建立优先次序，确定完成任务的时间表，其最重要的功能就在于通过事先的规划，作为一种提醒与指引。"二八定律"认为 20％的关键努力产生 80％的绩效，换言之，我们只有将自己的主要精力和时间集中地放在处理那些重要但不紧急的工作上，这样才可以做到未雨绸缪，获得最大的回报。例如：考试前会对即将进行的考试产生压力，合理分配复习时间，进行有规律的复习，使用记忆策略对课堂内容的重点和难点进行记忆，自然能够消除和缓解压力。

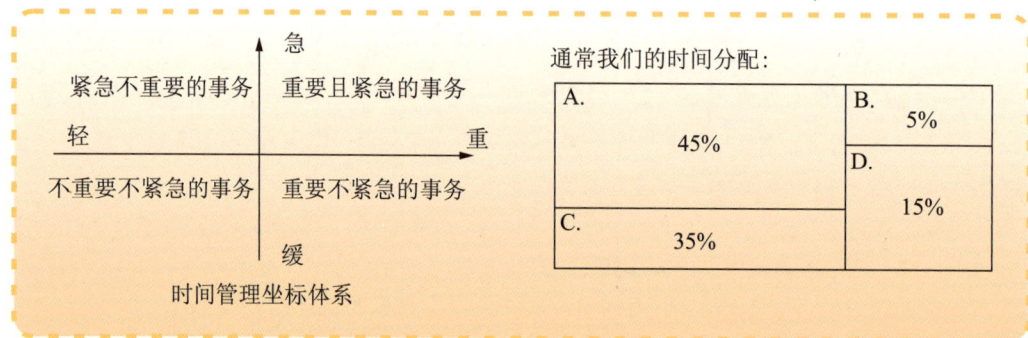

	急	通常我们的时间分配：
紧急不重要的事务	重要且紧急的事务	A. 45%　　B. 5%
轻 → 重		D. 15%
不重要不紧急的事务	重要不紧急的事务	C. 35%
	缓	

时间管理坐标体系

明智的时间分配：

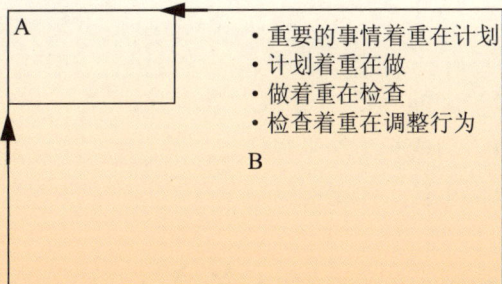

```
┌─────────────────┐
│ A               │
│  ┌──────────┐   │   • 重要的事情着重在计划
│  │          │   │   • 计划着重在做
│  │          │   │   • 做着重在检查
│  │          │   │   • 检查着重在调整行为
│  │          │   │
│              B  │
└─────────────────┘
```

如果以"轻—重"为横坐标，"缓—急"为纵坐标，我们可以建立一个时间管理坐标体系（见上图）把各项事务放入这个坐标体系。大致可以分为四个类别：重要且紧急、重要不紧急、紧急不重要、不重要不紧急。对重要和紧急的事情当然是立即就做；而对不重要不紧急的事情不做；平时多做重要但不紧急的事情（因为这是第二象限，常常被称为第二象限工作法）；对紧急但不重要的事情选择做。

我们通常总是在疲于应付紧急的事情，把紧急的事情放在第一位，这并不是管理时间的有效办法。最初，我们可能会重视事情的重要程度，做的是"重要且紧急"的事情，但应避免习惯于"紧急"状态，我们应该将大部分时间花在"重要而不紧急"的事情上。

小 故 事

课上，教授在桌子上放了一个玻璃罐子，然后从桌子下面拿出一些正好可以从罐口放进罐子里的鹅卵石。教授把石块放完后问他的学生："你们说这个罐子是不是满的？""是。"所有的学生异口同声地回答。教授笑着从桌底下拿出一袋碎石子，把它们从罐口倒下去，摇一摇，问："现在罐子是不是满了？"大家都有些不敢回答，一位学生怯生生地细声回答："也许没满。"教授不语，又从桌下拿出一袋沙子，慢慢倒进罐子里，然后又问学生："现在呢？""没有满！"全班学生很有信心地回答说。是的，教授又从桌子底下拿出一大瓶水，缓缓倒进看起来已经被鹅卵石、小碎石、沙子填满的玻璃罐。

点评：一个平常的玻璃罐就这样装下了这么多东西，但如果不先把最大的鹅卵石放进罐子，也许以后永远没机会把它们再放进去了。生活中那么多事情，其实都可以像往这个玻璃罐里放东西那样，先进行时间级别分类，按照"事分轻重缓急"进行组合，确定先后顺序，再做到不遗不漏。

二、情绪调整

如果事情已经发生，没有任何办法可以改变了，那就不可能对情境进行控制。这时可以通过情绪调整，减少或消除负面情绪，从而减少压力感。

1. ABC 合理情绪疗法

心理引导：

你认为情绪和行为结果是由事件本身决定的吗？

如果是的，那么为什么不同的人会有不同的行为结果呢？

如果不是，那我们情绪和行为的结果又由什么决定呢？

结论：事物的本身并不影响人，人们只受对事物看法的影响。

ABC 理论由美国心理学家艾利斯创建，他认为激发事件 A(Activating)只是引发情绪和行为后果 C(Consequence)的间接原因，而引起 C 的直接原因则是个体对激发事件 A 的认知和评价而产生的信念 B(Belief)，即人的消极情绪和行为障碍结果(C)，不是由于某一激发事件(A)直接引发的，而是由于经受这一事件的个体对它不正确的认知和评价所产生的某种信念(B)所直接引起。这种信念称为非理性信念，也称为不合理信念。具体有三种表现形式。

一是绝对化的要求。如：我必须表现优秀、别人必须处事公正、生活必须完美无缺。二是过分概括化的倾向。如：他们找到好工作一定是有背景。三是糟糕至极的评价。如：我说错话了，他一定再也不会理我了。常见的不合理信念包括：

人应该得到生活中所有对自己重要的人的喜爱和赞许；

有价值的人应在各方面都比别人强；

任何事物都应按照自己的意愿发展，否则会很糟糕；

一个人应该担心随时可能发生灾祸；

情绪由外界控制，自己无能为力；

已经定下的事是无法改变的；

一个人碰到的种种问题，总应该都有一个正确、完满的答案，如果一个人无法找到它，便是不能容忍的事；

对不好的人应该给予严厉的惩罚和制裁；

逃避困难、挑战与责任要比正视它们容易得多；

要有一个比自己强的人做后盾才行。

因为不合理信念的存在，所以同一事件，不同的人遇到会有不同的心理反应。例如面对同一事件"失恋"，有的人会想"我那么爱她，可是她却不再爱我，做出这样的事，真是太不公平了，太让我伤心了"。继而产生怨恨和抑郁的情绪；有的人则会想"我有理由要求她必须爱我吗？难道仅仅是因为我曾爱过她？我爱她那是我自愿的，她没有强迫我这么做，那我有什么理由强迫她？难道这对她公平吗？她做出这样的选择一定有她的原因，我有什么权利要求她必须按我的意愿做事"？因此，会更祝福对方。同样遭遇失恋，每个人却会有不同的想法，这就是因为每个人对失恋这件事情的认知不同所引起的。

再例如两个人一起在街上闲逛，迎面碰到领导，但对方没有与他们打招呼，径直走过去了。这两个人中的一个就想："他可能正在想别的事情，没有注意到我们。即使是看到我们而没有理睬，也可能有什么特殊的原因。"而另一个则想："是不是上次我顶撞了他，他就故意不理我了，下一步可能就要故意找我的岔子了。"两种不同的想法就会导致两种不同的情绪和行为反应。前者会觉得无所谓，该干什么仍继续干什么；而后者则可能忧心忡忡，以至无法冷静下来干好自己的工作。从这个简单的例子中可以看出，人的情绪及行为反应与人们对事物的想法、看法有直接关系。在这些想法和看法之后，有着人们对一类事物的共同的看法，这就是信念。在这个例子中，后者的信念则被称为不合理信念。当人们坚持某些不合理信念，长期处于不良的情绪状态之中，最终将导致情绪障碍的产生。

合理情绪疗法即针对不合理信念，强调的不是去改变压力源本身，而是强调自我评价在压力管理中的作用，使用积极、正向、辩证的认知方式去替代消极、非理性的认知，那么对同一件事，我们就会有不同的体验，压力自然就消解和减退了。

📖 案例分析

1. 王某从小乖巧听话，成绩优异，自己比较要强，在高中的时候经常参加活动，是大家瞩目的对象。这学期举办了一次"风采大赛"，她精心准备了很久，却没有取得理想的成绩，她的心情很郁闷，觉得大家都在看她的笑话。如果你是她的好朋友，你会怎么劝她呢？

2. 有一个年轻人失恋了，一直摆脱不了事实的打击，情绪低落，已经影响到了他的正常生活，他没办法专心工作，因为无法集中精力，头脑中想到的就是前女友的薄情寡义。他认为自己在感情上付出了，却没有得到回报，自己很傻很不幸。如果你是他的朋友，你如何劝他呢？

3. 小马在找工作面试失败后，心情很沮丧，他认为自己精心准备了那么长时间，竟然没过，是不是太笨了，自己还有什么用啊，人家会怎么评价他。如果你是他的朋友，你如何劝他呢？

点评：有的人在比赛失败、失恋或者找不到工作时，会想我被别人笑话了，我很傻、很不幸，也有的人会想，没关系，这次失败了、失去了，我可以找到更好的。这两类人因为对事情的评价不同，他们的情绪体验当然不同。假如他们换个想法，那么他的情绪体验显然就不会像现在这么糟糕。

2. 归因理论

归因即人们对行为的结果寻找原因的过程。对行为的不同归因会对个体行为的动机产生不同的影响。归因的维度通常包括两个方面：一是内外因维度，内因指存在于个体内部的原因，如人格、品质、动机、态度、情绪、心境及努力程度等个人特征。外因是指行为或事件发生的外部条件，包括背景、机遇、他人影响、工作任务难度。二是可控性维度，个体能否控制其行为的动因。可控的原因是指个体可通过主观努力可以改变的。如努力、外部环境等。不可控的原因如智力因素、工作难度等，不是个人能够改变的。美国心理学家韦纳对人们的失败归因进行了研究，他认为人们把失败归因于何种原因，对以后的活动、积极性有很大影响：将失败归因于内部、稳定、不可控时，会产生"习得性无助"感。把失败归因于外部，会产生气愤与敌意。

知识链接

习得性无助

"习得性无助"是美国心理学家塞利格曼于 1967 年在研究动物时提出的，他用狗做了一项经典实验，起初把狗关在笼子里，只要蜂鸣器一响，就给以难受的电击，狗关在笼子里逃避不了电击，多次实验后，蜂鸣器一响，在给电击前，先把笼门打开，此时狗不但不逃而且是不等电击出现就先倒在地上开始呻吟和颤抖，本来可以主动地逃避却绝望地等待痛苦的来临，这就是习得性无助。

大学生受到挫折后，不要过多自责或者责备别人，应该多方面收集信息，冷静、客观地分析自己失败的原因，找出遭到挫折的原因，进行合理归因，避免归因的片面性；学会实事求是地承担责任，避免过多自责而产生挫折感。同时，还要采取措施主动改变挫折情境因素，从而有效对待压力与挫折。例如，在学习的过程中，发现学习效率不高，通过原因分析，在解决问题的同时，可以尝试改变学习时间、学习地点或学习科目等，从而避免学习效率不高给自己带来的压力和困扰。

📖 小故事

有一个年轻人，自我感觉很有才华，但在生活上遇到很多波折，于是便觉得活着没有意思。有一天他决定跳海，但他刚跳下去就被一个老渔民用渔网捞了起来。

他很生气，冲着老渔民嚷道："你什么意思，把我捞起来干什么？"

老渔民说道："年轻人，为什么跳海呀，你这么年轻多可惜呀！"

于是年轻人就对老人诉说了他怀才不遇的苦衷。

老渔民听完，说道："哎呀，你今天遇到我，运气来了。我正好是治怀才不遇的专家，我帮你治治吧。"

年轻人很诧异，急忙问老渔民医治之法。

老渔民说："我有秘诀，如果你想知道，就必须答应我一个条件。"

老渔民说着，顺手从沙滩上拣起一粒沙子，往旁边一扔，说："年轻人，帮我去把我刚才扔掉的那粒沙子拣过来，然后我就告诉你。"

年轻人听了很生气，说道："你想耍我呀？这么多沙子，我怎么知道哪粒是你扔的？"

老人听了，笑着说："别生气，我这还有个条件，如果你满足了我这个条件，我也告诉你。我这里有一颗珍珠，我把它扔到沙滩上，你去给我找回来。"

很显然，年轻人轻而易举地把珍珠拣了过来，交给了老渔民，并很虔诚地说："老人家，我把珍珠拣过来了，可以告诉我秘诀了吧？"

老渔民一脸安详，说道："年轻人，秘诀我已经讲完了。"

点评：有些人之所以有怀才不遇的感觉，是因为自己是无数沙子中的一粒，跟旁边的沙子没有太大的区别；但如果自己是一颗珍珠，那么伯乐就会很容易地发现我们。所以说这个世界上不是没有伯乐，而是因为自己不是一匹真正地能够让别人一眼就能辨认出来的千里马。

三、生理应对

许多人认为，压力只是"心事"，与身体无关。其实压力一方面可以影响我们的身体健康水平；另一方面，生理的调节，也会对缓解压力起到一定的作用。生理调节方式包括重视合理、均衡的饮食，通过饮食释放压力；通过倾诉、哭泣、写日记、拳击等方式宣泄；进行深呼吸放松、肌肉渐进放松、音乐放松，练习瑜伽、有氧运动等，都能在很大程度上缓解我们的压力。

保持良好的睡眠

平衡饮食

增强有氧运动

知识链接

食物与性格

每个人都有心爱的食物，美国"嗅觉味觉治疗与研究基金会"负责人、《你是哪种食物性格》一书的作者亚伦·赫希博士，基于人们选择的食物与性格的关系，进行了 25 年的研究，发现饮食偏好能反映出人们的性格特点。

1. 爱吃咸的人通常性格也比较外向、随和，生活中他们喜欢随大流，不会轻易出头或刁难他人。

2. 爱吃巧克力、蛋糕等甜食的人通常乐观积极，做起事来随心所欲，很少给自己留下什么遗憾。

3. 爱吃辣的人通常带着一股痛快劲儿，做事往往迅速果断。虽然为人热情，但脾气却比较火爆，常想到什么就说什么，坚持自己的想法。

4. 爱吃又甜又咸、甜中带苦等"另类"口味的人则一般性格内向，他们喜欢独来独往，思维非常缜密，深藏不露，看上去有些冷漠孤傲，不好接触。

5. 爱吃涮锅、烧烤等肉类食物的人则通常比较活跃，与不同的人都能交谈甚欢，在人际圈中总能让自己引人瞩目。

6. 素食主义者多数性格内敛，喜静不喜动。喧嚣的人际圈子会让他们感觉不自在。

第四节　挫折与心理韧性培养

有人将现在的大学生形容为"草莓"，何谓"草莓"？即外表光鲜，内心酸涩，遇到一点风雨，很快就会腐烂。现在越来越多的资料显示，部分大学生自感压力过大，遇到一点儿挫折便心理状况不佳，有的甚至出现自杀的念头，采取极端的方式结束自己的生命。

一、什么是挫折

挫折是指人们在有目的的活动中，遇到无法克服或自以为无法克服的障碍或干扰，其需要或动机不能得到满足而产生的消极反应，包括挫折情境和挫折感受。挫折情境是阻碍目标实现的各种主客观因素，也称挫折源；挫折感受是由于挫折情境而产生的愤怒、恐惧、焦虑不安等反应。

挫折是人的一种主观心理感受，一个人是否体验到挫折，与他自己的抱负水平密切相关。所谓抱负水平是指一个人对自己所要达到的目标所规定的标准。规定的标准越高，其抱负水平越高；规定的标准越低，其抱负水平也越低。同样两个同学，甲期望成绩 90 分，乙期望成绩 60 分，分别为他们的抱负水平，结果两人都是 80 分，这对乙来说会感到成功和满足，而对甲来说则会感到是一种挫折，所以挫折因人而异。相同的挫折情境，由于人们的心理状态、需要动机以及思想认识的不同，在不同的人身上往往会引起不同的反应。正如法国小说之父巴尔扎克曾说"世上的事情，永远不是绝对的，结果完全因人而异。苦难对于天才来说是一块垫脚石，对于能干的人来说是一笔财富，而对于弱者是一个万丈深渊"。

心理挫折，通常包括想象中的挫折和事实上的挫折。其中，想象中的挫折尽管还没有构成事实，但也能影响人的行为。例如，某人参加自学考试，还没有报名就预卜着自己的命运，家务重、岁数大、学习吃力，将来十有八九通不过，于是在头脑里先产生了想象中的挫折。

📖 案例分析

进入大学之后，有的人会觉得完成了自己的目标，卸下了身上的担子，甘于沦落，殊不知，大学是开启了人生的另一篇章；也有人会认为自己一次考试失误，选择了自己不喜欢的大学，所以事事争强好胜，给自己太大压力。

李某，从小学到高中一直是班上的干部，受到师生的喜爱，谁知在前不久的校、系学生会竞选，甚至是班委的竞选中，他却落选了。这突然的"失宠"使他难以接受，心里像打翻了的"五味瓶"，情绪一落千丈，不愿讲话，不愿见人，学习成绩直线下降。

分析：

李某从小生活道路平坦，从未经历挫折，一旦自信心受挫，便产生心理落差；没有使用正确的方法应对挫折事件，导致情绪低落及社会功能受到影响。

讨论

1. 如果你是李某，你会怎么办？

2. 如何看待学习和生活中的挫折事件？

📖 小 故 事

在伊索寓言中有个《狐狸与葡萄》的故事，说的是那狐狸本来是很想得到已经熟透了的葡萄的，它跳起来，不够高，又跳起来，再跳起来……想吃葡萄而又跳得不够高，这也算是一种"挫折"或"心理压力"了，此时此刻那狐狸该怎么办呢？若是一个劲地跳下去，就是累死也还是跳不到葡萄的高度。于是，那狐狸说："反正这葡萄是酸的。"言外之意是反正那葡萄也不能吃，即使跳得够高，摘得到也还是"不能吃"，这样，狐狸也就"心安理得"地走开，去寻找其他好吃的食物去了。"吃不着的葡萄是酸的"，虽然有找借口之嫌，却平衡了自己的心理，起到了自我保护的作用。

二、心理韧性培养

心理韧性(resilience)是指个人面对生活逆境、创伤、悲剧、威胁或其他生活重大压力时的良好适应，它意味着对压力和挫折的"反弹能力"，生活变化，挫折和逆境贯穿于生命的整个历程中，生活不断变化的过程实质上就是要求韧性不断提高的过程。对心理韧性的研究始于美国，有的学者将其翻译成"弹性""复原力"或者"抗压力"等。"resilience"意为"跳回""弹回""回弹性"以及(活力、精神的)恢复力、复原力；迅速恢复愉快心情等含义，国内则多将"resilience"称为"心理韧性"。

20世纪70年代，发展心理学家发现，心理韧性可以使个体在压力和挫折下免除心理障碍的危机，许多身处诸如父母患病、家庭破碎、经济条件差等逆境中的青少年，没有像人们预期的那样被打倒，反而发展成为有信心、有能力及有爱心的人，这一奇迹引发了关于心理韧性的研究热潮。随着人类高级心理机能的出现和发展，心理韧性具有对生存困境的修补、应激、预防三种功能，分别对应过去困境、现在困境和将来困境，体现出全程性自我保护的作用。基于此，心理韧性的培养则是一个过程而非结果，因为困境总是无时不在的。个体能够自觉、主动地认识和调控自己的行为以及合理地利用资源预防生存困境，必将成为心理韧性的发展趋势和目标。心理韧性培养的途径如下。

1. 正确对待挫折

挫折也同困难一样，可以吓倒人，也可以锻炼人。正确对待挫折的关键，在于提高自己的思想认识，遇到挫折时有充分的心理准备。这样才能面对挫折不至于惊慌失措或灰心丧气，受到挫折后也能够分析原因，吸取经验教训，从而提高自己对挫折的容忍力。

2. 树立远大目标

实践证明，人一旦树立了远大的生活目标，便能更冷静、正确地处理个人与远大目标的关系，能够经受种种小的失败和挫折，在挫折面前不失去前进的动力。

3. 变消极为积极

事物都有其两面性，一个人面对挫折所持的心态往往会决定其一生的命运。积极的心态有助于人们克服困难，使人看到希望，消极的心态使人沮丧、失望，对生活和人生充满抱怨。选择积极的心态，就等于选择了成功的希望；选择消极的心态，就注定要走入失败的沼泽。

4. 建立适当的心理防御机制

当人面对挫折的时候，心理平衡会遭到破坏，人们会感觉到困扰、不适应，甚至体验到一种痛苦的折磨。出于人的自我保护本能，人们会产生一种自觉或不自觉地要消除或减轻这种状态的倾向，有意无意采取某种方式来回复心理平衡，即人有一种摆脱痛苦、减轻不安、恢复情绪、平衡心理的自我保护机制，这就是心理防御机制。常见的心理防御机制有认同、升华、补偿、幽默、合理化（酸葡萄效应）、投射、反向、转移等。

本章小结

★ 压力是一种动力，压力需要管理；压力应对是一种能力，需要学习和训练。
★ 心理韧性意味着个体对压力、对挫折等的承受、抗压、应对的能力。
★ 社会支持系统是帮助个体缓解压力的重要资源。
★ 正确认知压力，提高心理韧性，积极应对挫折，走向人生的佳境。

简答题

1. 压力对个体成长的作用与影响是什么？
2. 你在生活中碰到的日常琐事有哪些？
3. 如何应对学习和生活中的挫折？

【团体心理辅导】改变认知，重新看待挫折

任务一：学会使用合理情绪疗法

1. 教师讲解

根据合理情绪疗法理论，个人对挫折的情绪反应和行为反应主要取决于对挫折的认知。一分为二地正确看待挫折、去除不合理的观念是应对挫折的最积极的方法。下面我们来做一种认知训练，请大家拿出纸和笔，按下面的格式记录一件你平常生活中的事情和它们所引起的想法、情绪和行为的变化。

2. 记录格式

A：不愉快的事件（A-action）＿＿＿＿＿＿＿＿＿＿＿＿＿＿＿＿＿＿

B：当时自动出现的念头（B-belief）＿＿＿＿＿＿＿＿＿＿＿＿＿

C：情绪和行为反应的结果（C-consequence）＿＿＿＿＿＿＿＿＿

D：反驳不合理的信念（D-disputation）＿＿＿＿＿＿＿＿＿＿

E：建立新的情绪和行为（E-new emotive and behavioral effects）＿＿＿＿＿＿＿

3. 课堂讨论

首先以小组为单位，成员重点分享反驳不合理信念的过程与方法；然后各自选出代表，讨论什么是合理信念的特征，分享反驳不合理信念的经验。

4. 教师评价

通过举例分析不合理信念的基本特点。例如，夸大挫折和自我贬低的倾向，"我永远不能如期完成这个任务""男/女朋友把我甩了！我已经失去了一切，生命已经没有价值了""我没有办法做好任何事情"等，都是在夸大了所面临的挫折和问题的同时，又低估了自己解决问题的能力。

任务二：掌握呼吸放松训练方法

1. 方法与步骤

（1）感受自己的呼吸方式：躺在床上，或者坐在沙发上，一只手（左手）放在胸部，另一只手（右手）放在腹部肚脐处，正常地呼吸，感觉两手上下起伏的运动，并且比较两手的运动幅度。

（2）进行腹式呼吸练习和体会：缓慢地通过鼻孔呼吸，在吸气时，让腹部慢慢地向外扩张，也就是腹部的肚子慢慢地鼓起来，在呼气时，让腹部慢慢地向下凹陷，也就是腹部慢慢地收缩，体会腹部涨落的感觉。并且可以通过比较两手运动的幅度去体会与刚才习惯性呼吸方式的不同。

（3）这样练习几分钟以后，坐直，可以先休息一下，两手放的位置仍同前，进行腹式呼吸，比较两手此时在吸气和呼气中的运动，并且判断哪一只手更加明显。如果左

手运动比右手更明显，这可能意味着还没有掌握腹式呼吸的技巧，需要慢慢地练习。

2. 腹式呼吸的好处

学习腹式呼吸能够增加吸氧量。这种呼吸方法充分利用了肺的容量，使你可以获得比正常浅呼吸多七倍的氧气量。而且，在一天当中的任何时候你都可以练习。所增加的氧气量对你的身体和心理都有益。呼吸练习可以使副交感神经兴奋，并且起松弛作用，而且使神经系统趋于平静。帮助你减轻压力，缓解紧张，充沛精力和忍耐力，有助于情绪的控制，预防和治疗身体疾病，帮助止痛，有助于延缓衰老，集中精力，提高身体素质。在学习和使用呼吸练习中还没有发现存在什么危险。

3. 如何进行腹式呼吸及原理

当我们每次练习呼吸控制时，至少得花 4 分钟的时间，这时因为要恢复氧气和二氧化碳的平衡状态，大约要花 4 分钟。如果你用同样的时间呼气和吸气，能达到最有效的平衡。你可以把一只手放在胸口上，另一只手放在腹部，当你吸气时，你的手会升起来，试着慢慢数到 4，呼气时也慢慢数到 4。这样做 4 分钟，看看你是否更放松些，无论你从口或鼻子呼吸都可以，哪种呼吸的方法对你比较舒服，就用哪种方法。最好是用鼻子，如果你不适应，就先用口吧。温和地慢慢呼吸，而不要大口吸气。

刚刚开始练习这种呼吸方法时，你可能会感觉有一些不适应，而且，在练习 3～4 分钟左右时也许会感觉头晕，这都是正常的现象，不要担心，请继续练习。每天早晚各练习 5～6 分钟，这样可以使你学习和习惯这种呼吸方式，并且自己逐渐体会这种呼吸方式给你带来的一些良好感觉。很多体会，只有自己去亲自实践，才能够真正感受到。

任务三：学会进行时间管理

人一生的两个最大的财富是：你的才华和你的时间。才华越来越多，但是时间越来越少，我们的一生可以说是用时间来换取才华。如果一天天过去了，我们的时间少了，而才华没有增加，那就是虚度了时光。所以，我们必须节省时间，有效率地使用时间。如何有效率地利用时间呢？

（1）了解自己的兴趣目标。做你真正感兴趣、与自己人生目标一致的事情。如果面对我们没有兴趣的事情，可能会花掉 40％ 的时间，但只能产生 20％ 的效果；如果遇到我们感兴趣的事情，可能会花 100％ 的时间而得到 200％ 的效果。要在工作上奋发图强，身体健康固然重要，但是真正能改变你的状态的关键是心理而不是生理上的问题。真正地投入到你的工作中，你需要的是一种态度、一种渴望、一种意志。

（2）记录每天的时间是如何花掉的。挑一个星期，每天记录下每 30 分钟做的事情，然后做一个分类（例如：上课、打球、聊天、社团活动等）和统计，看看自己什么方面花了太多的时间。凡事想要进步，必须先理解现状。每天结束后，把一整天做的事记下来，每 15 分钟为一个单位（例如：1：00～1：15 等车，1：15～1：45 搭车，1：45～2：45 与朋友喝茶……)。在一周结束后，分析一下，这周你的时间如何可以更有效率地安排？有没有活动占太大的比例？有没有方法可以增加效率？

（3）善于利用自己的时间碎片和"死时间"。如果你做了上面的时间统计，你一定发现每天有很多时间流逝掉了，例如，等车、排队、走路、搭车等，可以用来背单词、打电话、温习功课等。重点是，无论自己忙还是不忙，你要把那些可以利用时间碎片做的事先准备好，到你有空闲的时候有计划地拿出来做。

（4）对事情进行轻重缓急地划分，重要的事情优先考虑。在工作和生活中每天都有干不完的事，唯一能够做的就是分清轻重缓急。每天一大早挑出最重要的三件事，当天一定要能够做完。每天除了办又急又重要的事情外，一定要注意不要成为急事的奴隶。有些急但是不重要的事情，你要学会放掉，要能对人说"no"！而且每天这三件事里最好有一件重要但是不急的，这样才能确保你没有成为急事的奴隶。

（5）善于管理自己、约束自己。也许你今天计划学习一组单词，但是可能因为别的事情没有完成，你会说自己"没有时间学习"，其实，换个说法就是"学习没有被排上优先级次序"。放入玻璃瓶中的大石头就像重要的事情，"若颠倒顺序，一堆琐事占满了时间，重要的事情就没有空位了"。

（6）了解时间管理的"二八原则"。人如果利用最高效的时间，只要20％的投入就能产生80％的效率。相对来说，如果使用最低效的时间，80％的时间投入只能产生20％的效率。一天头脑最清楚的时候，应该做最需要集中注意力的工作。我们要把握一天中20％的最高效时间（有些人是早晨，也有些人是下午和晚上；除了时间之外，还要看你的心态，血糖的高低，休息是否足够等综合考量），专门用于最困难的科目和最需要思考的学习上，这样能取得事半功倍的效果。

【课后导读】

[1] 李虹. 压力应对与大学生心理健康[M]. 北京：北京师范大学出版社，2004年10月版.

[2] 张旭东，车文博. 挫折应对与大学生心理健康[M]. 北京：科学出版社，2005年10月版.

[3] 岳晓东. 怎样做最好的自己：大学生心灵和谐面面观[M]. 合肥：安徽人民出版社，2011年4月版.

第八章　珍爱生命

——生命教育与心理危机干预

学习目标

※　**能力目标**
- 认识生命的意义
- 掌握心理危机求助的方式和方法

※　**知识目标**
- 理解生命的意义
- 理解生活与生命的联系与区别
- 理解心理危机的含义、反应及表现

※　**素质目标**
- 珍惜生命，热爱生命
- 把握好当下的生活
- 能够化危机为转机

引　言

　　生命是教育的原点，教育源于生命。促进生命的教育乃教育之本。大学教育是当今社会的轴心，承载着越来越多的社会职责，但培育生命的理念却往往被满足社会需要的"工具化"所取代，成了"无人的教育"。以人为本，让教育回归关注生命本身，关注大学生的人格完善和心灵成长，是学校心理健康教育的使命。当代大学生的心理优越感在渐渐消失，理想与现实的冲突使得大学生的压力与动力并存，机遇与挑战同在，个人成长与危机共生。那么，大学生该如何激发自己生命的潜能、提升生命的品质？如何实现生命的价值，应对生命的危机？本章将帮助你认知生命的意义，感悟生命的珍贵，体会生活的丰富，学习预防和应对生命的危机。

小 故 事

生命的馈赠

一个年轻人因为受到生活的挫折失去方向，他几乎失去了活下去的勇气。他不止一次想到自杀，于是他寻访智者，让智者为他找出活下去的理由。智者告诉他："请你在一年之内游历，将你看到的事情告诉我，然后我再告诉你活着的理由。"于是年轻人开始徒步世界，他看到了饥饿与贫穷，疾病与痛苦，出生与死亡，真善美与假恶丑……一年后，当他再找智者时，他说："这一年的游历让我明白，活着真好！活着不需要任何理由！每个生命都是无比尊贵的！"

点评：生命的意义就在于生命的存在。任何一个人的生命都因其独特性和不可替代性而有意义。个体生命的过程就是个体成长、发展和作用于社会的过程，同时也是家族关系传承、繁衍的过程，还是个人与社会相互作用与反作用的过程。每个人在生老病死的自然过程中，在忙于生活、工作和事业的社会竞争中，实现着生命值的传承与延续。生命的可贵就在于个体生命时间的有限性，而生命的意义正是因为这种有限的生命与无限的发展和传承是密切相关的。

心灵引导

生命的意义在于付出，在于给予，而不是在于接受，也不是在于争取。

——巴金

第一节　生命的意义

生命有广义和狭义之分，广义的生命包括自然界一切动植物的生命，而狭义的生命仅指人的生命，本书中的生命采用的是狭义的生命概念。人的生命同时具有自然和精神两种属性。自然生命是人类产生的前提，也是人类存在的基础，人类不能脱离物质基础和生物性的机能而存在；生命的精神属性是个体生命在精神世界中的体现，表现为物质生命以外的人对理想、感情、道德、精神、信仰、价值等的追求，表现为意识形态的东西，人不是仅仅为了满足自然生命的需要而存在的。在拥有自然生命的同时，去寻找精神层面的价值，生命才获得了意义。人作为一个具有意义的实体存在，对生命的来由与去向、生命的意义一直都处在不停地探索中。

有的生命存在是为了享受，有的生命存在是为追求快乐，而有的生命存在是为了奋斗、为了奉献、为了付出……无论是为人类发展做出巨大贡献的科学巨匠、历史伟人，还是普通的平民百姓，每一个生命都因为它存在的过程而美丽，而有意义。

◎ 心理训练

生命中的五样

请在一张空白的纸上写下你生命中最宝贵的五样东西，这是你认为生命中最宝贵的东西，不必从逻辑上思索推敲是否成立，只要是你情感上的真爱即可。

然后，每个人在你写下的五样当中，划去（删除）相对不那么重要的一样，只剩下四样。

接下来，请将剩下的四样当中，再划去一样，剩下三样。

请继续划去一样，只剩两样。

请再划去一样，只剩下最后一样。

看一看，你先后划去的是什么，剩下的是什么；想一想，它们对你的生命意味着什么。

讨论

1. 你认为生命中最重要的东西是什么？为什么？

2. 你认为生命的意义是什么？为什么？

一、精彩的生命

宋朝周敦颐说："万物生生而变化无穷焉。"世间万物，生生不息。世界的精彩源自生命的精彩，而生命的精彩体现于不断地改变自我、改变环境、创造新的价值。

世间万物在进化演进过程中，从微生物、植物、动物进化到高等动物——人类。每一个物种都是地球这个庞大生命系统内不可或缺的重要组成部分，是推动生态系统良好运作的重要角色。每一个物种都是独一无二、千姿百态的，数以亿计的生命没有完全相同的。生命是那么的简洁，同时生命又是那么的丰富。

人类在这个庞大的自然生态系统中存在，也不断地改造着这个系统。人类与自然生态系统相互作用，相互依存。自然生态系统中所发生的细微变化，都有可能会对人类造成巨大的影响和不可预知的伤害。因此，从根本上说，每一个生命都有存在的权利，都是神圣的。人类应该敬畏生命，关注、善待与珍爱所有的生命。

生命是千姿百态的，但是每一个生命都是独一无二的。每一个生命产生的过程都充满了艰辛、压力与危险。无论是桃花水母，还是帝企鹅，它们的生命的过程都充满了未知数。桃花水母是一类濒临绝迹、古老而珍稀的腔肠动物，已有至少6亿年的生存历史，是地球上最低等级的生物之一。它们对生存环境有极高的要求，最佳生长环境是无污染、人为痕迹少的弱酸性水质，水温不得高于32摄氏度，若水质受污染，它们有可能在数日内灭绝。帝企鹅生长在寒冷的南极大陆，在零下60摄氏度的温

帝企鹅

度下，他们坚持、守望，忍耐着寒冷与饥饿，就是为了迎接它们的新生命的到来。人类生命延续的过程亦是如此，一个成功进入卵子的精子，是经过了竞争才能够成功"俘获"卵子的，由此产生新的生命——受精卵。每一个受精卵在母体内经过9个多月的压力、成长以及抵御风险，才得以降生。生命是如此来之不易，我们需要加倍珍惜、感恩、善待生命。

二、生活与生命的联系与区别

人生是感性的生活与存在的生命两部分的合体，生命是生活的基础，生活是生命的显现，无生命安有生活？没有生活，生命也便无从谈起。人们在生活中，不断地求这求那，这有两种可能：或者没有求到，于是顿感活着没什么意思；要么自己求的东西都得到了，可是，人们迅即发现得到的这些东西不过尔尔，也填充

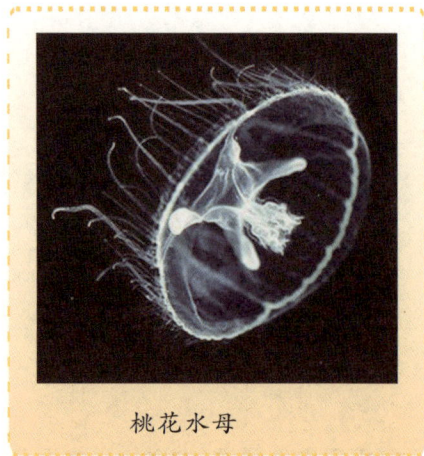

桃花水母

不了人生的空白。当然，还有些人则根本不知自己要什么，到手的东西又有何益；不知自己想干什么，也不知自己干这是为了什么。一切生活的状态都将意义消失，并进一步潜入到生命的层次，使人之生命的价值也随之消失，这就形成了人类生存的危机。以往人类的生存危机多由于自然的灾害，或大规模的战争；而在现代社会，人类的生存危机已经变成了由生活意义的丧失到生命价值的隐去。

生活与生命虽然合一于我们的人生，但两者的性质有着重大的区别。人的生活是当下的，过去的生活已然逝去——非存在，未来的生活还没有开始——也是非存在，所以，人之生活都是现在进行时，人们所能感受的也只是当下的生活。而人之生命虽然也显示为现在时，但生命却无法与过去和未来割裂开来，没有过去的生命是非存在，而无未来的生命则是一具死尸。所以，生命必须是在延续的过程中才能存在。

生活是感性的，生命是理性的。虽然人的一生是从感性的生活走向理性的生命的过程，但是缺乏感性生活的生命是萎缩的，生命之树需要感性生活去滋养、发展和壮大。生命是抽象的、宏观的，生活是具体的、细微的、琐碎的。人们若能够从个体的生活走向普遍性的生命存在，从当下的生活迈进永恒的生命洪流，便可以寻找到生活的意义与生命的价值。

现代人的误区在于人们把生活中的拥有等同于、混淆于生命存在本身。我们在现实生活中的"所得"总是一定的，而我们的"所欲"却是无限的，总是大大超过我们现有的所得。因为我们的"所欲"取决于与他人所拥有的东西进行横向的比较；而我们的"所得"却源于我们个人的努力和机会。两者一碰，我们发现，无论你拥有的是多还是少，这个世界上永远都有在拥有上比我们多得多的人。故而，现代人在拥有上永远都陷入一种"一无所有"的尴尬境地。人们的物质性拥有是易变的和易失的。"三十年河东，三十年河西"，江山尚且如此，何况我们生活中的拥有？这是为什么很多人感觉自己"一无所有"的原因。当我们把生活的意义与生命的价值置于纯物质性如金钱财富这些无常之有的基础上时，无疑会痛感生活的艰辛、生命的无常和人生的痛苦，寻觅不到自然、社会以及生活与生命的幸福家园。最后的结果只能是：轻则导致我们的身体疲惫不堪，精神萎靡不振；重则让我们轻贱生命，放弃生活，迈向自我毁灭的不归之路。

三、生命之树扎根于丰盈的生活

生命是神圣的。生命不仅属于自我，还属于家人和社会。生命来源于父精母血，在社会中存在和发展。要学会将生命和生活协调为一体。快乐是有限度的；过度的快乐会危及生命，并最终丧失快乐。生活中难免痛苦，没有痛苦就不会感受到快乐的可贵；超越痛苦，生命便得到升华。

要让生命有意义，就要让生命之树扎根于丰盈的生活：比如，要关爱家庭、亲人、爱人、孩子，要会做几样美食；要有几个闺蜜、"死党"或者一群可以玩闹的朋友；要加入一两个社团或者社会组织；要力所能及地帮助别人，或者参加公益活动；有自己的兴趣、爱好；有擅长的体育项目，会唱几首拿手的歌曲，或者可以演奏乐器；有自己的休闲时间、休闲活动安排；有喜爱的电影、音乐、漫画、书籍；有合适的工作……

生命之树
举例

四、珍爱生命，爱护生命

生命本身没有高低贵贱之分，珍爱自己的生命，别人才会看重你，生命就会有意义。孕育生命的基本条件是：爱、付出、奉献。能够让生命延续下去，这三者也是必不可少的要素。生命不只为了自己，这点在汶川地震中，我们看到了很多实例。

发生在 2008 年的"5·12"大地震，让数万人的生命陨落，灾难促使很多人对生命进行思考，也唤醒了人们对生命的尊重、珍惜和感恩。在抗震救灾的过程中，最让人感动的莫过于人们都誓死保护孩子的生命，多少老师无视自身安危，甚至忘记要回家救自己的孩子，先保护他们的学生；多少母亲在房子倒塌的那一刻，拼死将孩子护在自己的身下，以给孩子们生还的机会。为下一代而付出爱是生命的本性，这种对生命的尊重，对生命的爱，让我们看到：爱，是生命得以延续的根本。

如何更接近自己，更爱自己，更好地生活，重整生命的动力呢？要从生活作息开始，保持良好的饮食习惯，保证充足的睡眠，坚持体育锻炼，保持强健体魄，维护身体健康。在生活上善待自己，注重生活的细节，做好每一件事，活好每一天，过好每一刻。吃饭时尊重食物，不浪费食物，感谢为食物背后劳动过的人；工作时尊重身边的每一个人，保持同情心，与他人和谐相处。在家庭中尊敬自己的父母长辈，善待兄弟姐妹。在爱情中珍惜和自己所爱的人在一起的每时每刻。在工作中专注地做好每一项活动。认真地体验，过好当下，这就是对自己的爱、对自己的尊重，也是对生命的尊重，心理正能量也会因此产生，生命力也会因此而焕发。

带着一颗爱的心，关爱自我，这是爱他人的前提。一个不会爱自己的人，一定也很难做到爱他人。生命由爱而生，爱是一切情感的基础。一个懂得爱生命的人，便懂得如何尊重生命、珍惜生命。

五、尊重生命，感恩生命

生命是给予，感恩是回赠。感恩可以消解内心的所有积怨，感恩可以涤荡世间的一切尘埃；感恩是一种生活方式，是一种处世哲学，更是一种生活的智慧。懂得了感恩，学会了感恩，每个人便会拥有无边的快乐和幸福。拥有一颗感恩的心，人生将会充满勇气，充满爱。

一个生活贫困的男孩为了积攒学费，挨家挨户地推销商品。他的推销进行得很不顺利，傍晚时他疲惫万分，饥饿难耐，绝望地想放弃一切。走投无路的他敲开一扇门，希望主人能给他一杯水。开门的是一个美丽的年轻女子，她笑着递给了他一杯浓浓的热牛奶。男孩和着眼泪把它喝了下去，从此重新鼓起了生活的勇气。许多年后，他成了一位著名的外科大夫。

一天，一位病情严重的妇女被转到了那位著名的外科大夫所在的医院。大夫顺利地为妇女做完手术，救了她的命。无意中，大夫发现那位妇女正是多年前在他饥寒交迫时给过他那杯热牛奶的年轻女子！他决定悄悄地为她做点什么。一直为昂贵的手术费发愁的那位妇女硬着头皮办理出院手续时，在手术费用单上看到的是这样七个字：手术费，一杯牛奶。那位昔日美丽的年轻女子没有看懂那几个字，她早已不再记得那个男孩和那杯热牛奶了。然而，这又有什么关系呢？

人的一生漫长而又短暂，上天赋予我们生命，让我们体验人生百态，品味酸甜苦辣。抱怨与责难只能让我们身心疲惫，度日如年；仇恨与妒忌只会蒙蔽我们的双眼，让我们看不清方向。以一颗感恩的心，感谢身边的人们让我们成长；感谢经历过的一切让我们坚强。感恩生活，让我们的生命丰盈。

◎ 心理训练

画出你的生命之树

听着背景音乐，请大家闭上眼睛，想象一下，有一棵树，生长……生长的环境有没有阳光？有没有风？

这棵树，是怎样的形状？有没有叶子？有没有树冠？有没有果实？

这棵树有没有树根？这棵树的树根是怎样的？树根的须根很多吗？如果树根很小，那么想象它在土壤中努力地生长，生长……

请在空白纸页或者练习本上画出这棵树。

（背景音乐：班得瑞——寂静山林）

第二节　大学生的心理危机及表现

20世纪90年代末，世界卫生组织专家指出，从现在到21世纪中叶，没有任何一种灾难能像心理危机那样给人们带来持续而深刻的痛苦。人类已从"传染疾病时代""躯体疾病时代"步入了"精神疾病时代"。

当前中国社会正发生着剧变，生活节奏快，贫富差距大，就业压力沉重，社会竞争激烈，伴随着城市化发展的进程，人与人之间的距离感越来越大，由此产生的焦虑、孤独、苦闷等情绪导致的心理问题越来越多。而近年来不断出现的校园自杀以及恶性伤人、杀人事件、大学生跳楼事件、大学校园投毒案等，都折射出目前大学生心理问题的严重程度。大学生心理危机干预以及预防机制的建立刻不容缓。

一、心理危机的概念

危机(crisis)这个概念在很多领域中被广泛使用。《韦伯斯特词典》把危机定义为"决定性或至关紧要的时间、阶段或事件"。辞海中解释："危机是一种紧急状态"。在中国传统文化中，危机是一个非常玄妙的词汇：凡是有危机的地方都潜藏着机遇。既体现了辩证思维的智慧，又透视出危机与机遇并存的思想。

心理词典

　　心理危机一般是指个体或群体面临突然的或重大的生活挫折或公共安全事件时，既无法回避，又无法用通常解决应激的方式来应对所出现的心理失衡状况。心理危机事件由危机事件(critical incident)引起，危机事件又叫创伤性事件(trauma event)。

心理危机是因为个体或群体意识到应激事件超过了自己的应付能力，而不是指个体或群体经历的事件本身。危机意味着心理平衡稳定的机制被破坏。心理危机标志着一个人正经历生命中的剧变和动荡，它会暂时干扰或破坏一个人习以为常的生活模式，其特征是高度紧张，伴之以焦虑、挫折感和迷茫感。个体面临心理危机时，往往导致情绪失衡，而情绪的平衡与否与个体对逆境或事件的认知水平、环境或社会支持以及应对技巧密切相关。

二、心理危机的发展过程

心理危机是一个过程。卡普兰(Caplan)认为，处于危机中的个体要经历四个阶段：

第一阶段，冲击期。危机事件发生以后，个体表现出震惊、恐慌、不知所措、极端不安、精神恍惚等。

第二阶段，防御期。在危机产生后的一定时期内，个体为恢复心理平衡状态会调动心理资源努力调整，控制焦虑和情绪紊乱，恢复受到损害的认识功能。但无法迅速解决，会出现否认、合理化等现象。这一阶段的个体一般不会向他人求助。

第三阶段，解决期。积极采取各种方法接受现实，寻求各种资源摆脱困境。适当的方式能帮助个体焦虑减轻，增加自信，恢复社会功能。

第四阶段，成长期。经历了危机变得更加成熟，获得危机应对的技巧。但是也有的个体会因为消极应对而出现种种心理不健康的行为，产生习得性无助。

三、心理危机的反应

只有知道心理危机的表现，才能决定你或你所关心的人是否需要帮助。危机中的个体总是以各种不同的形式表现出来。

生理：肌肉紧张、心跳加速、感觉呼吸困难或窒息、肠胃不适、腹泻、食欲下降、头痛、疲乏、失眠、做噩梦、容易惊吓、有哽塞感等。

认知：常出现注意力不集中、缺乏自信、无法做决定、健忘、效能降低、不能把思想从危机事件上转移等。自责或怪罪他人、不易信任他人。

性格：平时性格开朗、生活态度积极乐观，出现危机时则相反，如果平时性格内向，可能会加重。或许性格变得暴躁、易怒、抱怨一切事情，甚至认为社会对他不公平，等等。

情绪：紧张、恐惧、怕见人、情绪低落或不稳定，或表面平静，但眼神游离。

言语：沉默少语或言语本身带来的特定意义令人费解，如打听什么方式自杀没有痛苦、直接询问哪种药物吃多少会死、活着不如死了等。

行为：回避社交活动，躲避他人；对关心他的人采取回避的态度、呆坐沉思、麻木；暴力倾向、假装适应行为；强迫观念或强迫行为等。

其他：失眠、食欲食量变化、严重者出现药物滥用、自杀等。

四、大学生心理危机类型

大学生所遇到的危机可能表现为如下具体类型。

1. 学业与就业危机

学业上的目标未能达成，如未通过英语四、六级等；面对毕业后是继续深造还是就业；学业考试不及格等。虽然单独某件事情还称不上危机，但这些事件的累积，却可能造成与重大危机事件相同的效果。

2. 经济危机

一方面可能因为能力的缺乏，如无法支付学费，出现消费压力；另一方面，意外获得奖励和奖金，但考虑人际关系又需要请客送礼等经济支出，从而带来额外的经济负担。

3. 人际关系危机

与周围的人相处困难，如师生关系、同学关系处理不好，被朋友背叛，寝室关系紧张，别人对自己批评、嘲笑、攻击，被误会，被老师批评，被他人排斥，受到身边人的疏远、不公平对待等。

4. 情感危机

在与男（女）朋友相处的过程中遇到的挫折性事件，导致心理压力过大，无法应对，而产生的自卑、无助、自我否定；以及愤怒、报复、伤害他人等。

5. 家庭危机

父母离异、家人关系不好、家人受到意外伤害而束手无策、亲人亡故等。

6. 其他来源的危机

校园内发生一些自杀、他杀等暴力事件，流行病爆发，校园被封锁；寝室失火、失窃；以及因为突发自然灾害而产生的危机，如地震、洪灾、泥石流、海啸等。

五、大学生心理危机产生的原因

在大学校园环境下，大学生心理危机的形成有其内在的原因，也有外部原因，大学生心理危机形成的外部原因主要是心理危机的各种危机源对大学生的刺激，内在原因主要包括大学生对危机源采取的不合理应对方式，对危机源的错误认知，大学生自身人格特征以及社会支持不足等。综合起来，导致大学生心理危机产生的因素有以下几种。

1. 危机源

心理危机源，即可能导致心理危机发生的各种应激事件。主要是指人们在日常生活中的社会与自然环境中所经历的各种生活事件。突然的创伤性体验、慢性紧张等，它可以是躯体的、生理的和社会文化因素的。适度心理应激的存在对人的健康和功能活动有促进作用，是人成长和发展的必要条件。缺乏刺激的生活是单调、枯燥和乏味的，而过度的应激也是不适当的，如果应激的强度超过了个人承受紧张刺激的能力，便会使人陷入心理危机。长期的应激状态可能会引发个体产生消极状态像心脏衰竭、疾病和死亡。危机源包括生活事件、灾难和日常冲突等。

2. 人格特质

影响大学生心理危机产生的人格特征是气质和性格，气质是与生俱来的，是指个体表现心理活动的强度、速度、灵活性与指向性的一种稳定的心理特征。气质有四种类型：胆汁质、多血质、黏液质、抑郁质。这四种类型之间本身并没有优劣之分，但每种气质都有其自身的弱点，其中胆汁质和抑郁质这两种气质的人较易感染心理危机。胆汁质的人往往性情急躁、情绪易于激动、做事冲动欠思考，容易走极端发生过激行为。而抑郁质的人比较敏感、孤僻、不善与人交流，情感体验深刻，厌恶强烈刺激，在困难面前常常怯懦、自卑、优柔寡断，挫折承受力低。

性格是个体在现实活动中表现出来的稳定的态度和习惯化的行为方式。情绪型性格的人情绪体验比较深刻，行为容易受情绪所左右，内倾型性格的人感情含蓄、处事谨慎，但交际面窄，适应性不强；顺从型性格的人独立性较差，在紧急情况下容易惊慌失措。相对来讲，这些性格类型的人都较易感染心理危机。

3. 应对方式

应对也称应付，是指个体在处理来自内部或外部、超出自身资源负担的生活事件时，采取的认知和行为上的努力。应对作为应激与个体身心健康之间的中介因素，对维护个体身心健康起着非常重要的作用。

4. 社会支持系统

社会支持是以被支持者个体为中心，个体及其周围与之有接触的人们（支持者）以及个体与这些人之间的交往活动（支持性的活动）所构成的系统。从功能上讲，社会支持是个体从其所拥有的社会关系中所获得的精神上和物质上的支持；从操作上讲，社会支持是个体所拥有的社会关系的量化表征。社会支持系统可以提供给个人的帮助有情感支持、具体任务协助、信息的获取和反馈、陪伴等。大学生社会支持系统对大学生心理危机的预防起着非常重要的作用。大学生如果没有一个密度较高的社会支持网络，容易陷入心理危机而难以自拔。

5. 人生观与价值观

人生观、价值观是在需要的驱动下，由自我意识引导，在个体和社会的互动过程中形成的。大学生在对社会多元文化价值观念进行不断地比较、选择、过滤、整合、内化的过程中，必然会出现不同程度的困惑、迷茫、空虚、碰撞，有的人会体验到多种价值需要之间的矛盾，甚至产生心理冲突。在这样复杂的心理冲突过程中，原有心理上的稳定结构被打破，人生观、价值观失去平衡和协调或无法寻找到人生价值和意义，从而导致心理上的失衡。

心理测试

测测你的社会支持系统

根据以下问题，请写出你能写出的人的名字：

1. 学校的老师和领导，你最喜欢谁？

2. 为商讨一新观念，你找谁？

3. 郊游消遣，谁可与你为伴？

4. 经济拮据时，你向谁开口？

5. 被困孤岛，你渴望谁在身边？

6. 倒在病床上，你喜欢被谁照顾？

7. 当你恋爱失败，你向谁倾诉？

8. 若你与家人吵架，你向谁倾诉？

9. 当你获得某项成功，你会与谁分享？

10. 若你考试成绩不理想，你去向谁说？

11. 当你在功课上有问题时，去向谁请教？

12. 当你面临选择，去向谁征求意见？

13. 如你长期外出，你的用品托谁照管？

14. 搬家时，你找谁帮忙？

15. 为完成一个重要使命，你找谁？

以上问题，看看你列出了多少个人——

如果少于3人，你的社会支持系统很不完善。

如果3~5人，你的社会支持系统不太完善。

如果5~8人，你的社会支持系统比较完善。

如果8人以上，你的社会支持系统非常完善。

第三节 大学生心理危机的预防与干预

一、什么是心理危机干预

"心理危机干预"是对个体或群体的心理健康问题和行为施加策略性的影响，对企图选择极端行为的人提供紧急的心理疏导、援救和帮助，使之恢复心理平衡。

心理危机干预的目的，一是避免自伤或伤及他人，二是恢复心理平衡与动力。有效的危机干预就是帮助人们获得生理、心理上的安全感，缓解乃至稳定由危机引发的强烈的恐惧、震惊或悲伤的情绪，恢复心理的平衡状态。对自己近期的生活有所调整，并学习到应对危机的有效策略和健康的行为，提高心理健康水平。

二、心理危机预防与干预措施

心理危机干预有三个关键：一是行为干预，要确保危机者的生命安全；二是心理辅导，要多听少讲，使危机者得到充分的宣泄；三是最后干预能否成功要看能否改变危机者的认知，纠正错误思维，对干预者做出恰当的承诺。大专院校的大学生心理危机预防与干预可以从以下几个方面入手。

1. 建立大学生心理健康档案

学校心理健康教育（与心理咨询）中心要定期开展心理调查工作，了解学生的心理健康状况。为更好地进行心理健康教育，从新生入学起就进行心理健康普查，建立心理档案。以便及时发现问题，有的放矢地进行教育。要根据学生心理测评的结果，筛选出心理危机高危个体，配合系部辅导员、班导师一起对这些学生做好危机预防、干预和转化工作。

2. 建立完善的心理预警机制

建立"学院—系（部）—班级—宿舍"四级心理危机预警机制，发挥宿舍长、心理委员、班干部等学生骨干的作用，广泛联系同学，通过班级活动、个别联系等多种途径，了解同学们的思想动态和心理动态。各班心理委员按要求填写《班级心理动态反馈表》，并及时上报，对异常情况做到早发现、早报告、早干预。辅导员、班导师要及时了解班级学生动态，要有针对性地与学生谈话，做到"导专业、导就业、导心灵、导人生"，对重要情况要及时报告有关领导、有关部门，并在专业人士的指导下对学生进行及时干预。

3. 要开展全员参与、全程化的心理健康教育

大学生心理健康教育应该是贯穿于学生在校学习的整个过程之中，在学校的教学、管理、服务的各个环节，都应该渗透心理健康教育的理念，因此，这也是一个全员参与的过程。

首先，通过心理健康必修课普及心理健康知识，提高大学生对身心健康的关注，提高大学生对生命的关爱意识。其次，要把心理健康教育融入日常的教育教学中，发挥任课老师对学生进行心理健康教育的作用，注重观察学生日常的行为变化，及时发现问题，及时解决问题。最后，在学校学生管理和服务的各个环节中，也要有意识地渗透心理健康教育，营造管理育人、服务育人的良好氛围，关注学生的身心健康、人格健全和全面发展。

4. 开展丰富多彩的心理教育和生命教育

通过开展丰富多彩的心理健康教育活动和生命教育活动，提高大学生的心理素质，比如，专题讲座、心理剧大赛、心理漫画大赛、手语表演大赛、心理影片展播等，培养大学生积极阳光的心态和健康愉悦的情绪，促进大学生人际关系的和谐，完善大学生的人格，增强社会适应能力，树立大学生热爱生命、珍惜生命、欣赏生命的积极人生态度。

三、心理危机干预的步骤

第一步，确定问题。通过观察和倾听，迅速确定问题的严重程度，并迅速将情况转告家长和有关人员进行干预。

第二步，保护当事人安全。要给当事人精神支持，适当的激励能使其有足够的信心度过危机；对有自杀倾向的人进行看护，确保自杀者的生命安全，并要注意危机干预者的人身安全。自杀者的生命安全是危机干预的核心任务。

第三步，提供宣泄的机会。给予当事人心理支持，争取与其保持沟通与交流，注意多倾听、多肯定，使其尽可能多地将烦恼和困惑宣泄。

第四步，进行心理辅导。在给予危机者一些支持和帮助的基础上，提示他调整思路，给予一些必要的心理辅导，改变认知，减轻其应激和焦虑水平。

第五步，帮助危机者制订摆脱困难的计划。为危机者提供一个对所关心问题的解决办法和应对机制，减缓心理冲突，矫正情绪的失衡状态，提高危机者的应对能力和思维灵活性，并使其相信自己的能力，战胜危机。

第六步，通过进一步沟通，得到危机者不再有过激行为的承诺，必要时把危机者

托付给家长，结束危机干预。

四、提高对心理危机的认识

高校应做好心理危机预防和干预的宣传教育，使广大师生能够认识到心理危机的危害，提高心理危机的识别能力，了解有效应对心理危机的方法，增强心理危机的干预意识，以更加宽容的心态面对心理危机者，使心理危机者能够得到更多的理解、支持与协助，走出困境、渡过难关。

正确认识心理危机，是有效应对心理危机的重要预防举措。心理危机可能会给个体带来痛苦，但并不是不可以解决的，也不能因此而完全否定个人的价值。大学生要注意自觉地运用心理学知识，分析自己的心理和行为习惯，通过正确的自我认知，对自我进行调节。不要回避和否认自身出现的负面状态，应及时梳理以降低心理危机发生的风险，把负性情绪视为一种动力，了解并接受它，从中寻找正能量，转化成积极情绪，从中获得成长。

如果大学生在面临心理危机事件时，感觉到依靠自身的力量不足以应对压力和困境，就应该积极、主动地求助，寻找可以获得帮助的人际支持。比如，可以向亲朋好友谈论自己的烦恼，或者可以向老师寻求帮助，或者可以向心理咨询师等专业人士寻求专业的帮助。高校大都设有心理咨询（辅导）中心，可以寻找心理咨询老师倾诉，讲出自己的困惑、困难，疏解自己的压力、焦虑、恐惧等情绪，解决心理问题。如果不愿意寻找学校的心理咨询老师，可以向校外的专业咨询机构求助。

心理危机者是非常需要他人的帮助、支持、协助的。亲人、好友等是非常重要的支持系统，他们可能会更加及时地发现心理危机者的危机表现，所以我们需要主动地学习和了解心理危机知识，掌握一定的心理危机干预的方法，及时发现心理危机者的状态和表现，给予必要的支持和帮助，将心理危机发生的风险降到最低。

五、提高心理素质和适应水平

1. 提升自我认知的能力

自我意识又称自我，是个体意识发展的高级阶段，也是意识的核心层面，包括自我认知、自我体验、自我控制三个方面，简言之，自我意识就是对自己及自己与周围关系的认识，包括对自己的存在，自己的身体、心理、社会特征等方面的认识。大学生正处于青年期，生理、认识、情感各方面发生了深刻的变化，他们开始关注自我，发现、体验自己的内心世界，而与此同时，大学生的自我意识也经历着不断地分化与整合，并在不断地分化与整合的过程中实现逐步完善。大学生自我意识相关教育要使大学生掌握自我意识的含义和结构、自我意识的发展规律，了解大学生自我意识发展过程中常见的困扰，促进大学生自我同一性的确立和自我意识的完善，能够客观正确地进行自我评价，悦纳自我，使自我认识、自我体验和自我控制相协调，理想自我与现实自我相统一，在一定程度上减少心理应激的产生。

2. 提高环境适应的能力

适应能力是指一个人面对新的或变化了的环境，在心理上进行自我调节，实现内部心理状态与外界环境的动态平衡，以使自己适应外界环境的能力。大学生中很多是独生子女，从小在家长的关注和呵护下长大，自理能力和独立生活能力较弱，初到一个陌生的环境，面对陌生人群，很多人都面临着严峻的生存考验。有的大学生不适应集体生活；有的不会整理自己的内务；有的对学习感到不适应；有的不能和室友和睦相处；有的人整日流连于网络世界……适应能力的不足影响个人的生存和发展，进行适应教育，就是要使大学生明确适应能力的重要性，以及适应能力的提高与个人发展的关系，帮助他们分析大学生中常见的适应不良现象及其负面影响，使大学生明确外部环境对他们所提出的挑战，引导他们学习适应、生存与发展的技能，提高个人的心理适应能力。

3. 提高应对挫折的能力

挫折是指人们在某种动机的推动下，由于目标受阻身处逆境而产生的消极情绪反应。广义的挫折还包括挫折情境和挫折认知。挫折虽不必然导致心理危机，但它是心理危机的应激源之一。挫折耐受力，是个体遭遇挫折时，能否经得起打击，有无摆脱困境、避免心理和行为失常的能力。简言之，就是忍受挫折的能力。较强的挫折耐受力，可以有效避免挫折对人心理的负面影响，化挫折为前进的动力。挫折教育的目的就是要使大学生科学地认识挫折，了解挫折产生的原因，指导大学生对挫折进行正确的心理归因，分析目标无法实现的客观原因，学会把失败归因于个人内部的不稳定因素，如个人努力不够等，培养大学生较强的挫折耐受力和坚忍不拔的意志品质，提高应对挫折的能力。

4. 完善自己的人格

人格，也叫个性，是伴随人一生并不断发展的心理品质。它包含两方面的含义：一方面是个体表现出来的种种言行和所遵从的社会准则，也就是我们可以观察到的外显的行为和人格品质；另一方面是内隐的人格成分，即面具后的真实自我，是人格的内在特征。一般来讲，人格由气质和性格两部分组成，气质是与生俱来的，而性格是在后天环境中不断养成的。个性不能简单地被评价为是好是坏，但不同个性的人对心理应激源的确有着不同的体验，人格在很大程度上决定了个体危机易感性的强弱。大学生正处在人格发展的关键时期，进行人格与个性教育，使大学生正确认识和对待自己的个性，接纳自己的独特性，发现其中的优势和劣势，克服消极因素，发扬积极品质，形成良好的个性。

5. 提高压力管理和压力应对能力

正如一位社会学家所言，压力已经成为我们生活的一部分，每个人都生活在压力之中。"压力山大"已经是很多职场人的普遍共识。大学生面临的压力也是无所不在的：学业压力、经济压力、就业压力、情感与性的压力、人际交往压力等。压力具有双面性：一方面，当压力过大超过个体的应对能力时，个体会陷入心理危机，产生不良后果；另一方面，压力又具有积极作用，没有压力的生活是无法想象的，一个人生活中若没有压力，他也就没有动力，就像生活在真空中一样，也会失去生活的方向。正是压力激发了个体的积极性和潜能，促进了个体的自我实现需要。因此，对于大学生而言，要积极地适应压力、迎接压力挑战，学习管理压力、应对压力，化压力为动力，才能够与压力和谐相处，促进个人成长。个体对于压力的管理也要与个人能力相结合，压力只有在有效激发个体潜能的限度内才是积极的，如果达到个体无法承受、力所不及的程度，它就是有害的。大学生也需要学习并掌握一定的压力应对方法，正确的压力应对方式能够有助于个体保持心理平衡，促进身心健康发展。

6. 提高心理危机认知和应对能力

尽管大学生是心理危机的高发人群，但大学生本身对心理危机的认识并不明了，甚至存在很多误解，如心理危机是一种精神疾病、正常人不会陷入危机等。对大学生进行危机认知教育，要使其了解什么是心理危机、心理危机的成因和表现、大学生中比较常见的心理危机等基本常识，使大学生明确心理危机的产生并不都是病态的表现，正常人在外来强烈和持久的刺激下，也会陷入心理危机，对于大学生心理危机的防治，需要大家共同努力。

危机应对教育要使大学生学会"三助"，即学会自助、学会求助、学会助人的"三助"教育。学会自助：即要自觉提高自身的心理素质，抵御心理危机的侵扰；学会求助：即在发现自己出现危机征兆时，及时向外界或专业的心理机构求助，以尽快解决问题；学会助人：即对于周围陷入心理危机或存在自杀危险的同学，及时给予支持和帮助，必要时求助专业机构。

案例分析

2004年轰动全国的云南大学"2·23"凶杀案案犯，马加爵，23岁，因在与同学玩牌过程中，别人说他偷牌，他说没偷而发生摩擦，因此产生仇恨心理而杀死四名同学。

案例分析：心理专家对马加爵的犯罪心理进行了分析：他家境贫寒，内心的自卑感很强，加之他性格孤僻、内向，自尊心强，别人无心的话都特别容易伤害到他的自尊心。马加爵没有妄想症，但是强烈的自尊可能使得他疑心重重。马加爵智力虽高，但具有冲动型人格障碍。他的人际关系历来不良，且对人际关系的解释有敌意归因的偏差。马加爵曾沉迷于武侠小说和网络游戏中，还时常买啤酒在宿舍里解闷，长期洗冷水浴。专家研究表明，武侠小说和网络游戏中用暴力解决冲突的模式和情节很容易诱发犯罪人的模仿行为和暴力情结。

因此，马加爵案特别值得我们认真反思。一、智力高、学习成绩好并不能代表人格健康，身心健康才是大学生成长成才的必备要素。二、人格培养是一个长期的过程，需要家庭、学校、社会的协调统一。三、暴力犯罪的情境因素对于犯罪行为的影响也不能忽视。在本案中，被害人在一般性冲突过程中首先遭到"语言伤人"，对于自卑的人来说，这种伤人的语言尤其容易诱发犯罪人的暴力行为。所以，与人为善、不恶语伤人，对他人有悲悯之心，的确应该是做人的一个基本准则。

六、常见的危机干预误区

遇到周围亲朋好友陷于烦恼、心理困境时，我们或多或少都有些经验为他们提供帮助、缓解他们的困扰，从而达到"干预"的作用。不少经验是非常宝贵的，但是也可能不一定能够很好地帮助到当事人，反而可能起到不好的效果，甚至会让自己产生困扰。因此，在为他人提供帮助的过程中，需要避免犯以下错误。

1. 说教与指责

如"你这样做不好"，"假如你能……就好了"，"你怎么能……"等批评、指责并不合适，可能会引起当事人拒绝交流，或者引发当事人更多的自责、内疚等负面情绪；也可能会让当事人进一步地自我否定，并产生无助感、不被人理解、不被人支持等感受，更加难以从危机中走出来。

2. 否认或放松警惕

觉得当事人夸大了他的负面感受，说一些比如"这没什么……"，"你不必在意"，"你不要这样想"，"很多人都经历过"等，并认为当事人不会做出伤害自己或者他人的行为。在某些情况下，当事人表面上好像处于平静的状态，似乎已经化解了危机问题，但是，如果遇到虚假适应的情况，或者求助者放弃寻求帮助，危机不但依然存在而且有爆发的可能。特别是当求助者危机评估风险系数高的时候，如，曾经提到过有自杀念头，要保持一段时间的追踪观察，不要轻易地让其单独留下，以免发生意外。

3. 对自己求全责备

某些人热心帮助他人解决心理危机，却没有发现自己已经被负面情况影响，一方面觉得自己的状态很难受；另一方面又觉得没能有效地帮助对方，很自责。假如觉得自己对当事人的帮助有限，或者觉得自己承受不住、感到厌烦，应该平和地告诉当事人自己的状态，并寻找专业的协助与支持。另外，也要对自己的付出给予肯定，毕竟能选择陪伴当事人渡过难关，就可以说明你的关心、耐心与支持了。同时，要给自己放松的机会，允许自己离开相关情境，照顾与调整自己。

七、大学生自杀的干预

1. 如何识别有自杀倾向的人

大学生校园里心理危机干预重点关注的对象包括：遭遇突发事件而出现心理或行为异常的学生，如家庭发生重大变故、遭遇性危机、受到自然或社会意外刺激的学生。患有严重心理疾病，如患有抑郁症、恐惧症、强迫症、癔症、焦虑症、精神分裂症、情感性精神病等疾病的学生。既往有自杀未遂史或家族中有自杀者的学生。身体患有严重疾病、个人很痛苦、治疗周期长的学生。学习压力过大、学习困难而出现心理异常的学生。个人感情受挫后出现心理或行为异常的学生。人际关系失调后出现心理或行为异常的学生。性格过于内向、孤僻、缺乏社会支持的学生。严重环境适应不良导致心理或行为异常的学生。家境贫困、经济负担重、深感自卑的学生。由于身边的同学出现个体危机状况而受到影响，产生恐慌、担心、焦虑、困扰的学生。其他有情绪困扰、行为异常的学生。

2. 识别自杀行为的信号

（1）言语信号

通过言谈过程中表露出来，或用书面语言流露出来的，如在日记、书信、作文、博客、微博、微信、网络交流中委婉或者直接表达想死的念头。谈论与自杀有关的事或开与自杀有关的玩笑；谈论自杀计划，甚至具体到自杀方法、日期和地点。这些都是极其危险的信号。

（2）身体信号

有自杀意念的人会有一些身体症状反应，比如，容易疲劳，体重减轻，食欲不好，头晕，等等。这些往往是抑郁情绪所致，不能简单地认为是身体有病，应引起注意。

（3）行为信号

当自杀念头增强时，会在日常生活中表现出异常的行为改变，如：在生理方面有饮食、睡眠等突然的改变；在情绪方面有无助、抑郁、焦虑、无望，或者突然从悲伤转为平稳冷静、欢愉等状态；在社交行为方面表现出退缩、回避、拒绝、淡漠、不修边幅等表现；出现突然的"告别""感谢""致歉"等行为；出现滥用药物、自伤、自残等行为。

3. 如何帮助处于心理危机中的人

危机干预的第一步是从求助者的立场出发，确定和理解求助者的问题。在危机干预过程中，干预人员应该将保证当事人安全作为首要目标。这里的安全是指将对自我和对他人的生理和心理的危险性降低到最小。在干预人员的检查评估、倾听和制订行动策略的过程中，安全问题都必须给以同等的、足够的关注。

（1）倾听是首要

倾听是危机干预当中一个很重要且很有效的技巧。处于危机中的人非常想要解决缠绕内心的负面情绪，倾诉是一个很好的宣泄方法。倾听能够使得当事人有更多的时间说出内心的感受和担忧，也能更好地了解他迫切想要传达的信息。

在倾听的过程中，要"少说"，要保持耐心。对于交流过程中可能出现的沉默，不要觉得"冷场"或交谈不顺畅，有些重要的信息往往在沉默之后才出现。有的人对交谈中对方突然爆发的情绪感到手足无措，如哭泣、暴怒、歇斯底里等，其实不必过于担心，这是当事人情绪释放的一种表现，应冷静并以关心的态度陪伴着他，以倾听的方式给予他默默地支持。在倾听的过程中不要进行评判，不要将自己的想法试图强加于心理危机当事人。

（2）表达关心、信任与支持

要让当事人感受到你真心的关心、支持与信任，要相信当事人具有自我改善的能力，相信他是有希望的，唯一能够改变自我、改变想法、改变行为的正是当事人本身。但是作为亲朋好友的你能够为他付出关心、努力、支持和引导，会使当事人感到温暖，不会感到孤单。在与当事人沟通时，可以通过语言、声调、身体语言等向当事者传递关心、关注的态度，要让当事人感受到你在真心关心"他这个人"，而不是他的表现、他的态度等。要接纳和肯定当事人，给予他无条件的关注和支持。

（3）寻找心理正能量

处于危机中的当事人，大多数会表现出思维狭窄、教条、僵化的状态，不能判断何种行为是有效的、适当的，甚至找不到支持的力量，认为无路可走。此时需要激发当事人的自尊、自信，要多发现当事人的积极心理能量，并且表达欣赏、鼓励的感受，促使当事人进行积极思考，进行自我肯定以及自我发现。在表达的过程中，需要用肯定、温和的语气，清楚、直接地将你的态度表达出来。

（4）提出应对的方式

帮助当事人探索可以利用的替代解决方法，促使当事人积极地搜索可以获得的环境支持、可以利用的应付方式，启发其思维方式。当事人知道有哪些人现在或过去能关心自己，有许多可变通的应对方式可供选择。

（5）制订行动计划

帮助当事人做出现实的短期计划，包括另外的资源的提供应对方式，确定当事人理解的自愿的行动步骤。计划应该根据当事人应付能力，着重于切实可行和系统地帮助当事人解决问题。计划的制订应该与当事人合作，让其感到这是他自己的计划。制订计划的关键在于让求助者感到没有剥夺他们的权力、独立和自尊。

（6）得到当事人的承诺

帮助当事人向自己承诺采取确定的、积极的行动步骤，这些行动步骤必须是当事人自己的，从现实的角度是可以完成的。如果计划完成得较好的话，则比较容易得到承诺。在结束危机干预前，危机干预工作者应该从求助者那里得到诚实、直接和适当的承诺。

4. 重视对自杀未遂者的干预工作

在中国香港，早在 20 世纪 80 年代便推行"一校一社工"措施，由政府出资培养专业的社工人员，然后分派到各学校，为有需要的学生提供必要的心理辅导和咨询。重视对自杀未遂者的干预工作，对于降低自杀死亡率意义重大。据研究，90% 的自杀未遂者经过干预救助，可以消除自杀企图而健康生存，只有约 10% 的人可能最终自杀死亡。

总而言之，大学时期是一个充满诱惑、困惑和挑战的阶段，对于处于一个急剧变迁的社会更是如此。提高大学生的心理健康意识、加强心理健康教育和辅导、提高应对挫折的能力、克服各种心理危机是大学生阶段的必修课。

本章小结

★ 危机不只是危险和困境，也是认识、顿悟的转机，改正和重来的机遇。

★ 一个人也许不能选择危机，但可以自主选择对待危机的态度与行为反应。

★ 每个人都需要正确面对人生挫折，学会助人自助。

★ 生命是宝贵的，也是脆弱的，每个人都需要感恩生命、珍惜生命、发展生命。

思考题

1. 你是如何看待生命的意义的？为什么？

2. 你认为生命中最重要的东西是什么？为什么？

3. 你可以用哪些词语来描绘你的生活？这些词语有几个是褒义的？几个是贬义的？几个是中性的？

【心理自测】

自杀意念自评表

指导语：在这张问卷上印有 26 个问题，请你仔细阅读每一条，把意思弄明白，然后根据你自己的实际情况，在每一条后的"是"或"否"内选择一个，打钩。每一条都要回答，问卷无时间限制，但不要拖太长时间。

序号	项　　目	是	否
1	在我的日常生活中，充满了使我感兴趣的事情	1	0
2	我深信生活对我是残酷的	1	0
3	我时常感到悲观失望	1	0
4	我容易哭或想哭	1	0
5	我容易入睡并且一夜睡得很好	1	0
6	有时我也讲假话	1	0
7	生活在这个丰富多彩的时代里是多么美好	1	0
8	我确实缺少自信心	1	0
9	我有时候发脾气	1	0
10	我总觉得人生是有价值的	1	0
11	大部分时间，我觉得我还是死了的好	1	0
12	我睡得不安，很容易被吵醒	1	0
13	有时候我也会说人家的闲话	1	0
14	有时我觉得我真是毫无用处	1	0
15	偶尔我听了下流的笑话也会发笑	1	0
16	我的前途似乎没有希望	1	0

序号	项　目	是	否
17	我想结束自己的生命	1	0
18	我醒得太早	1	0
19	我觉得我的生活是失败的	1	0
20	我总是将事情看得严重些	1	0
21	我对未来抱有希望	1	0
22	我曾经自杀过	1	0
23	有时我觉得我就要垮了	1	0
24	有些时期我因忧虑而失眠	1	0
25	我曾损坏或遗失过别人的东西	1	0
26	有时我想一死了之，但又矛盾重重	1	0

此表采用 0、1 计分，得分越高，自杀意念越强，并以 12 分为临界点，作为初步筛选有无自杀意念的指标。

【团体心理辅导】认识和探索生命的意义

任务一　找寻生命的意义

背景介绍：

找寻生命的意义，这是一个古老而深刻的哲学话题。生命的意义是什么，很难简单地说清楚，并且每个人也都会有自己的体会。唯有积极找寻生命意义的人，才会更加珍爱生命，也才能更健康地成长。通过深刻探究个人成长的历史，可以对自己经历的人生有更明确的认识，对自己的生命有更准确的认识，而通过对他人成长经历的认识，则可以使自己对生命意义的理解更加全面准确。这种理解，有助于个体在未来的生活中积极健康地发展。

活动目的：

1. 探究个人支持的过程，理解生命的意义。

2. 发泄自己抑郁的心情。

3. 通过认识别人的成长经历促进自我成长。

一般说明：

时间：35 分钟

材料：铁丝（软硬适中）约 30cm

场地：教室、小团体咨询室

任务实施过程：

1. 每个人分得一条铁丝后，静下心来回忆自己的人生经历。（2分钟）

2. 把自己的人生经历在铁丝上以各种折绕的形式表现出来。（10分钟）

3. 以6个人为一组，共同分享每个人对人生历程的解说。（8分钟）

4. 每个小组推选出两名人生历程最生动、最曲折的人，向团体报告其人生历程。（10分钟）

5. 指导者进行总结。（5分钟）

注意：指导者在倾听时，要随时给予积极的反馈。成员要在团体中讨论、聆听别人的人生陈述，并向别人谈论自己的人生历程和感受。

任务二　我的生命曲线

背景介绍：

有人认为，人类有别于动物，是因为我们对死亡的醒觉，知道人生有死亡的终点，人就站在时间的开始和结束之间。动物是活在此时此刻的，而人却在时间隧道中，不断前进。通过回忆，我们将过去带到现在；通过期望和想象，我们能接触到我们的将来，这是我们理解和接纳自我的基础。从童年到现在，我们周围的环境虽然千变万化，但是我们仍然觉察昨天、今天甚至明天的我，都是同一个连续的我。

一个人成熟的指标之一是他（她）不会仅仅着眼于当前的状态，随时会因为环境的改变而改变，他（她）能把生命中的过去、现在和将来整合为一个整体。

活动目的：

回顾往事，体验成长，展望未来，激励自我，整合自我。

任务实施过程：

1. 请在下面的坐标图上画下你的生命曲线。（5分钟）

2. 在你现在的岁数上做一个标记，在标记左边写下你的过去，在标记右边写下你的将来。列出过去三件你认为对你现在影响最大的事情，并在生命曲线上用"＊"号做出标记。（10分钟）

A _____

B _____

C _____

3. 展望未来，激活你的人生道路。（10分钟）

(1)写下你希望活到的年龄。

(2)写下你期望完成的三大任务，并在生命曲线上用"♯"号做出标记。

A _____

B _____

C _____

任务三　感恩生活

背景介绍：

有人说："生活并不是缺少美，而是缺少发现美的眼睛。我们的日子一天天地度过，很多人变得麻木而冷漠，不会观察美丽，不会感恩周围的一切，也忘记了自己人生中值得回味的事情。"

请在纸上写下昨天发生在你身上的值得感激的事情。如果想不出，可以回想过去一周或一个月所发生的值得你感恩的事情。并在旁边回答：这件事为什么会发生？（10分钟）

值得感恩的事情

时间及地点	事情经过	发生原因

也请你将记录感恩之事变成你的习惯，每天，或者每周记录自己的感恩日记。你会发现，生活原来是那么的美好，周围有那么多值得自己感谢的事情和人们。

团体成员进行总结与分享。指导者进行点评。（10分钟）

生命热线：

中华心理危机干预网：http://995sos.xinli110.com/；生命求助热线：025-86528082

深圳市心理危机干预中心热线电话：0755-25629459

杭州市心理危机研究与干预中心热线电话服务：0571-85029595

福建省精神卫生中心门诊咨询电话：0591-3599242（白天）；0591-7191119（晚上）

成都市精神卫生中心求助热线：028-87577510，87528604

【课后导读】

［1］［美］大卫·伊格曼著，赵海波译. 生命的清单——关于来世的 40 种景象［M］. 北京：中信出版社，2010 年 2 月版.

［2］［美］华特士著，林莺译. 生命教育：与孩子一同迎向人生挑战［M］. 成都：四川大学出版社，2006 年 6 月版.

［3］郑晓江. 生命教育演讲录［M］. 南昌：江西人民出版社，2008 年 12 月版.

［4］郑晓江. 学会生死［M］. 郑州：中州古籍出版社，2007 年 1 月版.

第九章　E空翱翔

——网络使用与网络心理素质培养

学习目标

※ **能力目标**
- 正确认识网络
- 掌握网络时代学习的要素

※ **知识目标**
- 理解网络心理问题的成因
- 理解网络时代学习的特点

※ **素质目标**
- 正确使用网络
- 提高网络心理素质

引　言

　　现代人生活在一个大众传媒所营造的浓厚氛围中，上网几乎成了一个现代人的标志。互联网在大学校园里已无处不在，为高校师生的工作和学习提供了极大的便利。手机上网已然成为大学生重要的上网方式。及时了解网络上所发生的一切，是当代大学生了解资讯的重要形式。随着网络课程资源的开发和利用，学生选课及作业的上交，网上在线考试及查阅研究资料、无纸化办公、信息发布、收发邮件，以及网络公开课等的学习，网络已经成为高校师生离不开的基本信息平台。然而，网络又是一把双刃剑，人们在享受它所带来的便捷与高效的同时，也受到它的一些负面影响。一些青少年和大学生过度依赖网络，不愿意独立思考；一些人沉湎于网络游戏，寻求刺激、娱乐或暴力、色情，无心上课；也有人滥交网友，身心受到极大伤害。因此，如何有效使用网络，科学管理时间，提高网络心理素质，让网络服务于大学生的学习和生活，是本章的重要内容。

案例分析

这是一项关于大学生使用网络情况的抽样调查，样本总数 372 人。根据上网时间进行分类，每天上网在 2 小时以内的有 19％，2～5 小时的占 54％，5～8 小时的占 21％，8 小时以上的占 6％。受访者上网目的依次是聊天（57.10％）、找资料（55.5％）、看新闻（36.1％）、玩游戏（35.5％）、网络购物（29.5％）。受访者认为上网的好处依次是休闲娱乐（57.9％）、学习知识（43.2％）、人际交流（37.4％）、释放压力（31.8％）。另据统计分析表明，大学生的总体幸福感与人格内外向维度呈极显著正相关，与神经质、自我和谐、自我经验不和谐、灵活性维度呈极显著负相关，与精神质呈负相关。

案例分析：1. 网络为大学生提供了更多的科技、文化、社会信息，在合理时间和期限内上网有助于丰富大学生的阅历和社会经验，促进对社会百态的了解，释放心理压力，满足人际交往以及娱乐的需要，有助于提升个体的主观幸福感，有益于人格稳定性的发展。

2. 网络是一把双刃剑，过分依赖网络可能导致部分人变得缄默、孤独、内向。研究提示，神经质和精神质性越高的个体越容易孤独，并倾向于使用互联网上的社交服务，这也使他们容易对网络产生依赖，甚至导致成瘾行为。

心灵引导

知道在适当的时候管制自己的人就是聪明人。

——雨果

第一节　网络对大学生心理的影响

　　网络的出现，丰富了人类的生活，拓宽了人类的视野，缩短了人际距离，开放了交流渠道，网络被称为继报刊、广播、电视之后的"第四媒体"，发挥着越来越重要的作用。信息搜索功能的强大更是其中一大特色。但是任何事物的发展都是辩证的，网络带给人们益处的同时，也会将负面影响带入。很多人沉迷于网络虚拟空间，迷失了本性，失去了自我，成了名副其实的"网虫"。据中国互联网络信息中心 2013 年 7 月发布的数据显示，截至 2013 年 6 月底，在 2013 年上半年的新增网民中 70.0%使用手机上网，手机成新增网民第一来源；中国网民的男女性别比例为 55.6∶44.4，与 2012 年情况基本一致；中国网民中大学及以上学历人群中互联网普及率已达到 10.9%，其中 10～19 岁的网民占 23.2%，20～29 岁的网民占 29.5%，大学生是网民群体中最为活跃的主力军。

一、网络使用者的心理需求

　　行为是生物为适应不断变化的复杂环境时所做出的反应。人的行为由动机决定，动机是在需要的基础上产生的。当个体缺乏某种东西时就产生需要，具体来说需要产生于两种情况：一种是缺乏维持个体内部生理作用的物质因素，如食物、水；另一种是缺乏社会生活所必需的心理及精神因素，如成就、荣誉感、受人尊重等。当一个人缺乏这些东西时，就会感到身心不安，紧张或不舒服，从而产生某种需要。需要产生动机，进而引发某种行为。一般来说，动机是行为产生的直接原因，行为是动机的外在表现。

网络使用对人类生活方式的改变——电脑的使用

　　网络具有全球性、互动性、自由度高、隐蔽性好、信息资源丰富、表现形式多样、使用方便、经济等特点，可以满足一个人几乎所有的日常生活信息和交往的需要，如网上娱乐、网上购物、旅行订票、网络求职、求学、获得归属感等社会支持、情感与情绪发泄以及满足爱和被爱等感情需要。约翰·苏勒曾对人在网络空间中独特的心理体验进行了总结，并归纳出 9 种特点：有限的感知经验、灵活而匿名的个人身份、平等的地位、超越空间界限、时间延伸和浓缩、永久的记录、易于建立大量的人际关系、变化的梦幻般体验、黑洞体验。正是这些特点对上网者构成了难以抗拒的吸引力。

网络使用对人类生活方式的改变——手机的使用

二、网络对大学生成长的作用

网络对大学生心理及其生活的影响既有正面的积极作用，也有负面的消极影响。我们应该把网络当作学习的工具和平台，从中收取我们的材料和知识，有时也可用作休闲的一种手段，以增添我们的乐趣，颐养我们的性情，提高我们的品味，增长我们的见识。

1. 扩大认知范围，有助于获得新知

网络上信息非常丰富，容量大，各种信息与资源在互联网上的传播迅速及时，信息开放且内容多样而广泛，可以促进大学生了解社会政治、经济、文化、军事、工农业、商业、教育、体育、娱乐、饮食等各个领域、各个阶层的发展动态，满足大学生的好奇心和求知欲，激发学习的兴趣。通过网络揭露社会问题、抨击时弊，可以有效发挥网络积极的舆论监督作用，有利于培养大学生对社会多样性的认知和参与各类社会活动的积极性。

2. 促进人际交往，有助于人格完善

人是一种社会性动物。人们在心理上渴望与他人交往，但由于现实社会生活竞争压力大，人与人之间的防范心理强，以及大学生自我意识的增强，使不少性格内向的大学生难以实现满意的人际沟通，尤其是异性交往困难者、社交恐惧者会感觉到比较孤独。而网络则为大学生提供了一个全新的交往空间和相对宽松的、平等的虚拟环境，他们可以通过聊天室、BBS、QQ、微博、微信等不同形式结交素不相识的人，进行自由的表达和交流。上网者不必为自己的容颜而自惭形秽，无须为囊中羞涩而自卑，也不用担心对视恐惧、面红耳赤、不善言辞。网络有助于任何独来独往、内向孤僻的人

在网上找到归属感。一个现实中内向、不善言辞的人，也许在网络上非常幽默风趣；一个胆小怕事的人，在网上也许是一个叱咤风云的侠客。因此，网络有助于使人看到自己潜意识的另一面，宣泄压抑在心理深层的需要和欲望，促进人格的完善。

3. 完善自我意识，满足情感需要

大学生的自我意识正处于迅速发展时期，需要不断地调整和完善。大学生的情感世界十分丰富，但又不太稳定。一方面，大学生的兴趣广泛，对社会的政治动态、思想潮流、经济形势都表现出极大的兴趣；另一方面，由于大学生的世界观、人生观、价值观还没有真正形成稳定的结构，情感世界容易受到周围环境的影响而变化，起伏快速而剧烈，他们常有各种各样的困惑和迷惘。网络功能的多面性、内容的丰富性和实效性以及人际交往的隐匿性等特点，为满足大学生的这种丰富而不稳定的情感需要提供了一个良好的平台。有困难、有烦恼，发一个微博、一条微信、一个"心情"，就会有无数个网友支持、安慰，可以获得心理支持，也可以宣泄情绪。有的大学生在现实生活中遭遇挫折后，转而求助于网络空间，利用网络空间的隐秘性，对自我进行加工美化，在网络中能轻易地实现"新我"的目标，获得"成功"并使自己得到安慰；有的大学生通过网络游戏能够获得成功的体验，增强自信并改善情绪。网络游戏和虚拟世界社交的成功可以为现实挫败感提供一种补偿，而当生活中的敌意和不满无处发泄时，网络中看似冒险而实无风险的游戏会起到一定的代偿作用。面对现实中无法处理的问题时，也可以通过在虚幻和想象的世界里漫游来获得幻想满足；在现实生活中无法获得的成功，同样可以通过网络成为"英雄"，获得他人的认同。

4. 增强学习能力，培养创新思维

网络的互动性使大学生可以对所有的新闻和信息进行随心所欲的讨论和评价，发表自己的观点和见解。这有助于拓宽大学生的视野，使他们学会多层次地、多角度地看待问题，而且有利于锻炼大学生独立思考的能力，有助于摆脱对单一知识权威的膜拜、从众心理。通过在网上阅读各类科技、文化、教育的文章、图书、杂志等信息，有助于大学生触类旁通，满足他们探索研究的需要。网络信息的可下载性、可存储性等特点，为大学生的创造性思维不断地输送养料。网络的高科技特点使大学生意识到脑力劳动和创造性劳动的重要性，从而增强培养创新能力的自觉性和主动性，有助于激发他们的创新行为。另外一些电脑游戏在一定程度上能强化空间思维能力和反应能力。

三、网络对大学生成长的影响

1. 过度使用网络可能导致网络成瘾

任何事物都有其两面性，网络在带给我们生活、学习的便利的同时，也可能会给

我们的生活带来烦恼。过度使用网络可能会导致网络成瘾，使学业荒废，现实人际交往能力减退、行为退缩，容易形成孤僻、冷漠、攻击、欺诈的心理，情绪不稳定，产生对学习的厌烦情绪，逃避现实世界，对身边的事情无动于衷，逐渐淡化与周围人的关系，遇到问题或困难也不与他人沟通，形成逃避现实、封闭自我等人格改变。

网络成瘾还可能导致生活节奏混乱，精神恍惚，体力透支，自主神经功能严重紊乱，出现失眠、紧张性头痛、视力下降、免疫功能下降、精神运动性迟缓等。停止上网则出现头痛、恶心、厌食、体重下降等戒断症状，严重影响身心健康。研究表明，网络成瘾不仅是导致一些自制力差的大学生荒废学业的"罪魁祸首"，还是促发有心理危机的大学生自杀

我说一旦陷入网络很难自拔你还不信，现在知道厉害了吧……

过度使用网络

的一个诱因。有资料显示，网络成瘾与其他心理疾病具有相关性，很多网络成瘾患者同时存在情绪障碍、品行障碍、人格障碍，甚至诱发精神疾病。大学生网络成瘾问题已成为不可忽视的公共卫生问题。网络成瘾并不是一个单一的危险行为，网络成瘾的大学生，出现非故意伤害、自我伤害以及外在伤害行为的概率都明显高于非网络成瘾的大学生。

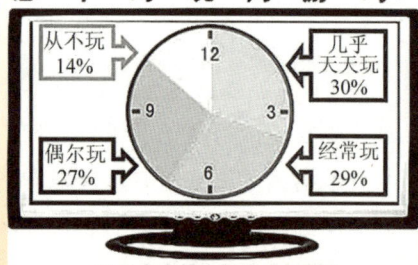

您平时玩网游吗？

从不玩 14%
几乎天天玩 30%
偶尔玩 27%
经常玩 29%

9951名在校大学生参加调查

媒体对大学生参与网游的调查

2. 过度使用网络可能导致价值观念扭曲

价值观是指一个人对自己及周围的客观事物(包括人、事、物)意义的总的看法，价值观是决定人的行为的心理基础。德国学者巴巴拉·贝克尔认为，网络活动的最大特点就在于虚拟性，缺乏约束与监督，虚拟状态既为网上行为提供了无拘无束的屏障，也给不正当的行为披上了漂亮的外衣。"快乐原则"支配着个人欲望，日常生活中被约束的人性中假、恶、丑的一面，会在这种无约束或低约束的状况下得到释放，在网上做出一些平时不允许或没有胆量做的明显不道德行为。因此，网瘾青少年往往会产生道德情感的沮丧，丧失有效的道德判断力，形成放纵、撒谎、不负责任、不守规矩等恶习，甚至引发犯罪。

大学生正处在人生观、价值观形成的关键期，网络的便捷性，网上内容的鱼龙混杂，使得大学生有机会接触不利于自己成长的信息，比如，大量暴力、色情，以及极

端享乐等灰色不良信息，可能对人产生很大的诱惑和负面引导，逐渐扭曲人生观、价值观。所以，大学生要不断警示自己，努力提高自己的判断力和心理"免疫力"。

知识链接

网络人际关系

网络社会中的人际关系，简称网际关系，就是以网络和数字符合信息为中介，在超文本多媒体链接中实现的人—机—人互动基础上形成的人际关系。大学生作为易感人群，网络人际交往给他们的生活方式、价值观念带来的挑战和改变是前所未有的。

网际空间好比一个巨大的城市，有图书馆、大学、博物馆、娱乐场所，也有各种各样的人。无论什么人，都可以到这个"城市"去逛逛。在这个空间里不仅可以获取和发布信息，还可以通过 E-mail（电子邮件）进行信息沟通，通过博客、个人空间、微博、微信等互动平台发布个人信息或与他人互动，通过网络虚拟社区进行交友、游戏、娱乐等网络人际交往。

四、网络对人际关系的影响

1. 网络人际交往的特征

第一，交往角色的虚拟性。现实交往中的角色来源多样化，是直接的、真实的、稳定的，它所依附的是特定的时空位置。而网络空间中的互动不具有现实中交往的实体性和可感性，只有一种功能上的实体性。许多网络使用者都是以"隐形人"的身份在网上自由活动，这就使得网络人际交往比较容易突破年龄、性别、相貌、社会地位等传统因素的制约。部分人在网上交际时，经常扮演与自己实际身份和性格特点相差悬殊甚至截然不同的角色，增加了交往角色的虚拟性。

互联网时代，我感觉更孤单　22.0% / 19.9%

互联网减少了我与家人相处的时间　34.4% / 29.0%

0%　10%　20%　30%　40%

■ 2009.6　□ 2008.12

《中国互联网络发展状况 2009 年统计报告》结果显示

第二，交往动机的多样性。人们网上交往动机多种多样。一些人上网抱着一种游戏的心理，视人际交往尤其是感情交往为游戏，缺乏责任感和真诚感；一些人上网只

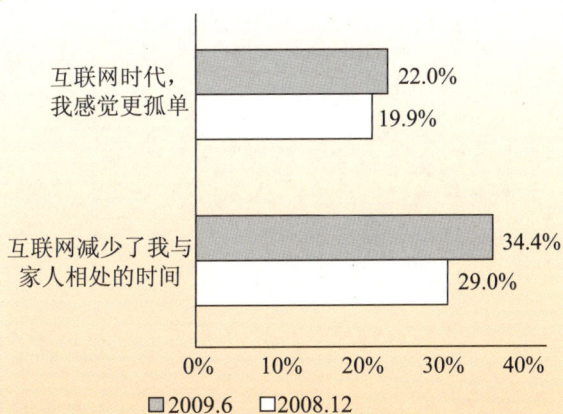

为关注异性，尤其是帅哥美女；一些人在现实生活中遇到挫折时，往往沉溺于虚拟时空，不愿直面现实。

第三，交往角色的单一性。网络人际交往可以打破时间和空间的限制，个体通过键盘和鼠标就能找到自己想找的人。通常交流的个体都极力展示自己美好的一面，缺乏真实的多面性。而现实社会中的各种人际关系，比如，同事关系、同学关系、师生关系、男女关系、长晚辈关系等在网络中都被弱化。

第四，交往过程的弱规范性。在现实社会中，个体依据一定的标准，其行为受到社会规范的普遍制约，然而在网络空间的交流不需要考虑对方的身份属性、社会属性及地域属性等造成的各种沟壑，可以畅所欲言，没有他人在场的压力。这种交往过程中的弱社会性和弱规范性必然引起人们的焦虑感、真正归属感的缺失及行为的失范，甚至造成在现实环境中的交往困难。

第五，交往主体的平等性。互联网的发明者宣称，网络提供一个自由、平等的世界、无论你在现实生活中的身份是何等显赫，但到网上你只不过是一个网民而已，同其他任何人一样无任何特权，大家都是平等的。

第六，交往心理的隐秘性。网上人际交往虽然可以通过文字来传情达意，但这种文字交流大多是经过刻意加工的信息，交往的心理也是经过包装的，这种"网交"无论持续多长时间，网友之间也很难明白对方的"真心真意"。

知识链接

请慎重选择你的网友

长期的网络生活会使人心理封闭，现实人际交往淡漠，只关注电脑屏幕，生活在人机对话或低级的娱乐游戏中，现实生活的内心体验渐渐缺乏，人际关系严重受阻。长期使用符号交流又会导致人对现实的人际沟通缺乏信心和耐心，引发个体孤独感和压抑感。从某种意义上说，网络制造了一个充满孤独者的世界。面对内心的孤独和压抑，很多人尤其是青少年和大学生，转而向网络寻求人际支持，这样就形成了一种恶性循环。

网络交友最大的吸引力就是，你可以任意选择你想扮演的任何角色，和任何一切你想搭理的人说话。在不同的身份下，你可以尽情宣泄，说出你的烦恼、你的喜悦，网络那头自然会给你安慰、陪你欢笑。人会本能地朝一个气味相投的地方走去，这就是归属感。网络空间提供了许多不同的虚拟而真实的环境，为正在成长，继续扩大交际面的人提供了无拘无束的交流空间。但是网络关系会有很多不稳定而且虚假的因素，过度沉迷其中会给人们带来精神和肉体上的双重伤害。

2. 网络人际交往的不良影响

现实社会人际交往中的表情、性格、气质、姿势等对人的情感与行为产生巨大的影响，这些是网络无法给予的。在网络社会中，人类终日与个人终端打交道进行网上交往，人类的言谈举止都被转换成二进制的语言，人类的音容笑貌以数字化字符方式在屏幕上传播，人成了数码化的存在。在"人—机—人"这样一个相对封闭的环境里，个体在很大程度上失去了与他人、与社会接触的机会，这极有可能导致人与人之间关系的疏远，导致个体产生紧张、孤僻、冷漠及其他心理健康问题。

网络人际交往使得人与人之间的道德情感日益淡漠、非理性行为激增、人格异化加剧等问题。在错综复杂、超越时空的网络交往中，对那些交往主体来说，在现实中的是非感、正义感、责任感、义务感、荣辱感、尊严感等被抛入了一个无边无际的虚空地带。当一个人整日端坐在网络终端之前，或者通过这个情感贫乏的媒体与匿名的陌生人交流时，他们会变得与现实社会相隔离，与真实的人际关系切断开来。

过于依赖网络人际交往，会使得大学生产生很多心理问题以及心理障碍。

第一，认知障碍，主要表现为疏于交往，网络交往的优势使得大学生对现实交往的意义认识不足。

第二，个性障碍，首先表现为角色混乱，大学生在网络交往中多重角色的相互冲突及虚拟身份与真实身份的相互矛盾，使其产生角色认同错误，出现社会化障碍，无法将网络中的虚拟影像与现实中的真实自我有效地整合统一；其次表现为情感虚伪，网络互动中的符号化交流常常会遭遇情感杀手或感情陷阱等负性体验，极易移植到现实社会情境中；还表现为孤独自闭，沉溺于网络交往者，网上应对自如，怡然自得，网下却束手无策，自我中心膨胀。

第三，情绪障碍，网络互动中的情绪表达单一符号化，使得大学生情绪过于内隐，缺乏感染力，情绪识别能力下降。

第四，语言障碍，沉迷于网络交往的大学生，青睐网络语言，误以为只有网络互动才能发挥其内在的智慧与幽默浪漫的交际才能，由此回避现实交往，键盘录入速度提高很快，口头表达能力却退化。

第五，行为障碍，网络互动的平等自由是以弱社会规范性为基础的，网络交往没有社会角色的义务限定，没有道德伦理的规范约束，也无他人的监督，与现实交往有根本的不同，行为的复制在现实交往中会处处碰壁。

第二节　网络时代的学习

📚 知识链接

数字化时代，"幕课"来袭

所谓"幕课"，即MOOC，是大规模在线开放课程的英语简称，是在线教育的高级形式，顾名思义，"M"代表Massive(大规模)，与传统课程只有几十个或几百个学生不同，一门课程动辄上万人，多则十几万人；第二个字母"O"代表Open(开放)，以兴趣为导向，凡是想学习的，都可以进来学，不分国籍，只需一个邮箱，就可注册参与；第三个字母"O"代表Online(在线)，学习在网上完成，无须旅行，不受时空限制；第四个字母"C"代表Courses(课程)。

不仅如此，学生可以在这些平台上随时与教授和其他学习者实现在线交流，并且依据平台提供的数据支持为自己定制个性化的学习内容，视频课程被切割成10分钟甚至更小的"微课程"，学习的过程就像体验游戏的通关设置，在学习之后还可以通过评估来检验自己的学习成果。甚至，在通过考核之后，学生还可以拿到不同层次的证书。

随着国外一流在线教育平台大规模进入中国，以及国内相关资源共享平台的逐步建立和完善，传统大学的围墙正在逐步打破。这种情况下，高水平大学的名字有可能随着他们优质的教育资源传到全世界任何一个角落，也有机会基于"幕课"平台，在更广泛的范围选择到更优秀的学生。2013年6月，首批上线的120门中国大学资源共享课，为学生通过在线教育平台学习提供了很好的共享资源。

一、网络时代学习的特点

网络的出现、信息技术的日新月异，使得各种各样的信息如洪水般涌来，令人应接不暇、手足无措。在这个网络时代，个人获取知识的机会、能力、途径大大增加，也对人们的学习理念、方式和能力提出了新的要求。网络时代，我们必须树立学习是终生任务的观念。信息

多样式的"翻转课堂"：
- 基于学习视频(微课程)
- 基于网络学习社区(学习资源)
- 基于网络教室(课程直播)
- 基于电子教材(教材的内容与表达形式)
- 基于传统环境(基于学习单的前置学习)
- ……

一种全新的教学形式——翻转课堂

的迅速发展、科技的不断创新，使知识的"保鲜期"越来越短，"陈旧率"越来越高，学习已不是一个人一生中某一阶段的事，而是一种社会化、制度化和终身化行为。在网络时代，我们如何学习？

　　网络是巨大的资料库和信息服务中心。大学生们可以超越时空和经济的制约，最快地查找学习资料，学会更多课堂以外的知识，从信息中获取养料，完善知识结构。同时，网络又为学生提供角色实践的舞台，在这里可以大胆尝试，不断开拓。网络作为一种教育手段，具有信息量大、传播速度快、影响范围广等特征。它不仅丰富了教育内容，拓宽了教育途径，帮助大学生在广阔的环境中学习和积累知识，而且有利于大学生发展和形成个性。

　　21世纪不是信息缺乏，而是信息超载的时代，以至于有人惊呼：我们身处信息的海洋中，却因为缺少知识而饥渴。所谓信息超载，是指信息接收者或处理者所接收的信息超出其信息处理能力。在网络技术不断发展的背景下，世界的信息和知识都处于大爆炸状态，造成信息量大、信息质量差、信息价值低等问题，信息超载的现象也随之而生。如何处理海量信息，让它们成为对自己有用的知识，是每个人将要面临或正在面临的一大挑战。

　　人类学习面临的第二大挑战是"知识碎片化"。所谓"碎片化"，原意为完整的东西破成诸多零块。知识碎片化，是指我们获得的知识不再完整、系统，而变为零散、无序和互不关联。如何将碎片化的知识，根据自己的需要进行加工整理，与原有的知识体系相互整合。形成新的个人化知识体系。是我们面临的另一大挑战。

知识链接

互联网——一个打碎的花瓶

　　以前，我们的知识体系是被按照学科分类精心组织起来的，每一门学科都像一个精致的花瓶。记载这些学科知识的书籍，根据某种内在逻辑，将一个又一个知识点按照线性结构串联起来，从第一页到最后一页，从第一章到最后一章，条分缕析、层次分明。教科书就是其中最典型的代表，学习也被要求按部就班依次进行。

　　但网络改变了这一切，网络以一种与书本完全不同的结构方式所构成。它不像书本那样，是一种按先后顺序依次排列的线性结构，而是通过一种超链接形式将所有的信息或知识点，连成一种错综复杂的网状结构、三维立体结构。而且这个三维网状立体结构还不是稳定的，永远处于变动之中，还在不断扩大、不断更新、不断变化。所有的信息或知识点都通过一个个网页来呈现，每一个网页都有很多个跳转的可能。每一个网页就像一个个破碎的瓷片，你不知道你将看到的下一个瓷片是什么样子。不像书本一样，只能一页页地往下看；在网上，有很多个不同的下一页，有很多种不同的选择。下一个瓷片可能与这一个瓷片有关，也可能完全无关。于是，你看到的就是一个个碎片。

有很多东西在诱惑你，你为未知的事物所吸引。除非意志特别坚定，目标特别明确，否则很难得到一个完整的东西。

二、学习的三种境界

第一境界的学习是结构化、静止和孤立的，更趋向于对显性知识的正式学习。

容器学习观认为，学生是一个盛装知识之水的杯，而教师是倾倒知识之水的壶。教师和学生在这种知识观中都以器皿的角色存在，教师的任务是把自己"壶"里的"水"倒进学习者的"杯"里，而学习者则用自己的"杯"尽可能接住"壶"里倒出的"水"。"容器观"中的知识是经过专家定义、筛选并加工和结构化的，是不会轻易改变的。在这种观念下，学习者看到、听到、得到的自然也是静止的知识，他们在进行静止的学习。这种学习观虽存在着诸多问题，却是学习中不可缺少的一部分，但仅限于一小部分。在知识经济时代，我们需要以一种全新的学习方式来弥补这余下的大部分。

第二境界的学习是松散、流动和整合的，并更趋向于对隐性知识的非正式学习。

在历经行为主义、认知主义、建构主义学习观之后，我们迎来了连通主义学习观。"连通主义是一个描述在网络时代学习是怎样发生的理论，它认为，学习主要是一个网络形成的过程，而结点则是我们用来连通并且形成信息和知识源的地方。"每一个人或每一个事物都是一个结点，而一个人的背后必定连有一大堆"结点"，当遇到无法解决的问题或记不起某件事时，我们就会去寻找能够解决这个问题的人或是找到一个能引起我们回忆的事物，那个人或那个物体就被认为是存储着我们知识的一个结点。通过网络搜索，我们可能第一次就找到了那个"结点"，但也有可能经过好几个"结点"之后才能找到。

在网络时代，我们通过引"线"来串起过去、现在和未来的知识，在跨越时空的过程中，逐渐形成自己的连通性知识网络。其多样性、自治性、交互性和开放性的特性也正符合了网络时代开放、创新、扁平化的特征。由此，连通学习将带我们走进一个松散、流动和整合的非正式学习的情境。在这里，我们通过博客、人人网、Google＋等社会性网络进行连通，与具有相同爱好和兴趣的人一起建构自己的知识网络。我们不再局限于课堂的正式学习，而能在任何时间、任何地点进行任何学习，任何人、任何事也将成为我们储存知识的一个结点。在这个连通性的知识网络中，我们的知识将不停地从一个结点流动到另一个结点，流动中不时荡起的"涟漪"将会使结点间的知识交互变得更加活跃和频繁。

第三境界的学习是生活化的学习。

当处于这种境界时，学习已不再是生活的一部分，而是与生活融合在一起：生活即学习，学习即生活。生活中的所见所闻、所思所感都是在学习。而随着网络时代的到来，学习会变得越加生活化。每一次打开网页，每一次点击链接，每一次观看视频，每一次浏览博客，每一次发表评论和留言，每一次转载博文，每一次通过 QQ 与人交流……我们都是在学习，网络使我们的学习变得更加宽泛和无意识。

正如《世界是开放的：网络技术如何变革教育》所描述的一样，"无论我们身在何处，网络为我们每个人都提供了学习的机会，我们已经成功地将学习推到了人性的极致。无论我们寄居何处，教育的机会都会出现，且可以为我们所用"。学习将如呼吸、吃饭、睡觉一样变成我们的习惯。

无论是容器式的正式学习，还是连通式的非正式学习；无论是显性知识的学习，还是隐性知识的学习，都将"润物细无声"地上演在我们的生活中，知识也在无意识中走进我们的世界。此时，人们不再纠结于学习的方式或途径，无论是静态的知识，还是动态的知识，我们都能以平常心待之。

三、网络时代学习的要素

在网络时代，教师对具体知识的讲授已经不是最重要的事情，学生获取知识的途径很多，有可能在教师讲授之前就已经掌握了其中大部分知识。学生要从教师那里学习一些什么？我们认为有下列五个方面。

1. 学生要学习如何搜索

互联网给我们提供了一个巨大的信息资源库，如何从这个资源库中发现真正有价值的信息和资源，学生首先要学习如何进行信息的搜索，来发现与自己的需要有关的信息。搜索并不像一些人想象的那么简单。搜索涉及关键词的选择、搜索工具的选择、数据库的选择、搜索功能的使用、搜索时机的影响等诸多方面，需要全面了解和必要的训练才能做得更好。

2. 学生要学习如何选择

面对海量的信息，学生要学习对信息的取舍。学生要学会如何选择，这比学生学习如何搜索更加困难。因为这里涉及学生个人的兴趣、目标、需求等诸多方面。选择之前先要对信息真伪、信息质量、信息价值进行判断，然后才能根据自己的需要进行取舍。学生需要自己做出选择,教师只能告诉他们如何培养对事物的敏感和洞察力,让他们知道什么是对他们重要的信息或知识,什么不是。

3. 学生要学习如何思考

思考是一门学问,也是一门艺术。思考能力可以通过必要的训练而提高。学生要从教师那里学习如何思考;教师除了要教会学生进行常规思维之外,还需要教会他们如何进行超常思维,即创新思维。后者比前者更加重要。

4. 学生要学习如何交流

交流是人与人之间的互动。教师应培养学生的协作意识、社交技巧和表达能力,学生要主动与同学及教师交流,学习表达自我、展现自我,让他人了解自我;学生要在与人交往及社会化学习中获得最大收益。

5. 学生要学习如何写作

写作除了能促进思考之外,本身也是一种技术和能力。学生并不天生具有这种能力,因此教师应给予他们指导,学生也要主动学习,使自己能迅速提升这一能力。写作能力的高低对创新和意义建构至关重要,对社会化交流与协作也至关重要。教师的指导方式可包括讲授、示范、搭脚手架、传授协作交流技巧、开展思维与写作训练等。新建构主义并不排斥传统讲授式教学,认为在传递显性知识方面,优秀教师的讲授对促进学生的意义建构还是有效的,有可能缩短学生建构意义所需的时间。而对于隐性知识的传递,则需要通过应用示范、参与实践、自主探究等方式才能实现。

常用的网络学习资源:

国家精品课程资源网:http://www.jingpinke.com/

新世纪网络课程:http://course.jingpinke.com/online_ courses

网易公开课:http://open.163.com/,含中国大学公开课、科研学院、TED 精彩演讲等众多资源。

第三节　大学生网络心理素质培养

一、大学生网络心理问题

1. 网络依赖

网络依赖同网络成瘾之间有着密不可分的联系。网络依赖是介于正常状态和网络成瘾之间的中间状态,在大学生中比较常见。例如,很多大学生长时间流连于网络,看新闻、看电影、看电视剧、游戏、聊天、刷微博、刷微信……对网络的过度依赖和依恋，导致个人正常的生活、学习、生活及社会交往等都在一定程度上受到影响。网络依赖并不等同于网络成瘾，网络依赖者没有表现出典型的成瘾症状，只是精神上对网络的依赖。网络依赖者可正常生活，心理健康水平显著优于网络成瘾者，但互联网对于网络依赖者的意义已超越了使生活便捷的工具这一层面，网络依赖者同网络成瘾者一样，均将互联网视为寻求解脱和刺激的工具。当在现实生活中遭遇挫折时，网络依赖者倾向于退回网络上寻找慰藉。网络依赖者在网民中所占人数比例较大，在一定的外界条件刺激下，网络依赖者有可能发展为网络成瘾者。

2. 网络孤独

以娱乐为主的网络生活是大学生网络孤独症患者形成的重要因素。一项关于上海大学生的调查发现，约一半大学生的网络生活是以娱乐为主，而这种网络娱乐占用了原本应该是朋友之间交往的时间。从调查结果来看，71.93%的同学基本不会因为玩电脑而放弃与朋友出去游玩；反过来已经有30%左右的人受其影响，因网络的诱惑影响自己的日常生活，减少外出社交的次数。长期的网络娱乐，淡化了个人与社会及他人的交往，在有限且狭小的空间里慢慢地对丰富多彩的现实生活失去了感受力和参与感，会变得越来越孤僻。

中科院心理研究所早在2007年对全国13所高校的调查中就显示，大学生网络成瘾问题日趋严峻，80%中断学业的(包括退学、休学)大学生，都是因为上网成瘾。

人际关系能力的缺失让部分大学生在现实生活中受挫，从而更求助于网络沟通。网络沟通方式和现实沟通方式的诸多不同，让大学生容易陷入其中。潘光亮介绍，他们在调研中发现，很多大学生认为，在网络上的沟通是单一的语言沟通，文字表达可能更有策略性，容易掺杂伪装的一面，能够满足一些人的虚荣心，畅所欲言、自大、夸大都不必忧虑脸红脖子粗。而在现实沟通中需要一种共情能力，一种能深入他人主观世界，了解其感受的能力。在与他人交流时，能进入到对方的精神世界，感受到对方的内心，能将心比心地体验对方的感受，并对对方的感情做出恰当的反应。很多大学生的共情交往能力比较缺乏，这样的障碍很容易导致对于网络交友的需求增多，慢慢地发展为网络孤独症患者。

3. 网络迷失

在以计算机为终端的网络中，由于匿名性而隐去了身份，许多现实社会中的规范、规则、道德在虚拟世界中冻结，大学生上网者在表现自我时，把社会自我抛得越来越远，甚至企图借助网络在现实社会中凸显自我，将自我凌驾于社会之上。网络黑客、网络犯罪就是这方面的典型案例。而有一些大学生对一些社会现象愤懑，于是想通过上网发泄对现实的不满、逃避社会，希望在网上有一个"清洁"的交往环境，构建一个良好的自我。然而网络上充斥的色情、暴力、庸俗、低级趣味的话题，使他们对社会产生失望之后又对网络产生了失望。也有大学生在对网络的使用中，迷失了自己的价值判断标准，不知道该如何对待社会中的不良现象，于是对自我产生失望与迷惑，不知道自己到底该如何面对这个社会。

4. 网络成瘾

"网络成瘾"(Internet Addiction Disorder，IAD)的概念是 1994 年纽约市的精神医师伊万·戈登伯格首先提出的。1995 年网络成瘾被收录进医学词典、社会学词典、精神病学词典。

"网瘾综合征"的典型表现是生物钟紊乱，睡眠障碍，情绪低落，思维迟缓，社会活动减少，自我评价降低等，严重的甚至会产生自杀的意图或行为。主要表现为个体经常无特定理由，没有节制地花费大量时间和精力上网，醉心于网上信息、网上游戏，造成对网络的过度依赖，导致个人心理、生理受损，出现一些人格障碍，这严重影响着一个人正

孩子网瘾已成为社会问题。

人要学会控制自己的情绪，因为它往往会在创造快乐的同时埋下灾祸的种子。

——法国作家 福楼拜

我们都应该牢记，电脑与网络就像火一样，是个好帮手却是个坏主子。

——美国精神科医师 伊万·戈登伯格

常的生活和学习动机。网络成瘾与其他公认的成瘾行为(如病理性赌博、进食障碍、酒精依赖等)一样具有破坏性，其滥用模式类似于病理性赌博，具有精神病理行为特征，是一种包括耐受性增强(按以前相同的上网量则满足感下降，须增加上网量才能达到原有的满足程度)，戒断症状(尤其是震颤、焦虑)，情绪障碍(包括抑郁、焦虑等)和社会关系中断(数量减少或质量降低)等的精神障碍。

知识链接

"网络依赖症"自测

1. 你是否着迷于网络？

2. 为了达到满意的程度你是否感觉需要延长上网时间？

3. 你是否经常不能控制自己上网及停止使用网络？

4. 停止使用网络的时候你是否感觉烦躁不安？

5. 每次在网上的时间是否比自己打算的要长？

6. 网络是否影响你的人际关系、工作、教育或职业机会？

7. 你是否对家庭或其他人隐瞒了你对网络着迷的程度？

8. 你是否把网络当成逃避问题或释放焦虑情绪的方式？

在上面8个问题中，如果被调查者对其中的5个问题的回答是肯定的，专家就断定他已经患上了网络依赖症。结果在600名调查对象中，三分之二符合网络依赖症的标准。这些人平均每周花费在网上的时间为38.5小时，与一周的工作时间基本一致，但只有8%的人是从事高新技术工作，大多数人不是为了参加网上的学术活动，也不是为了寻找一份满意的工作。

这项研究还表明，"依赖型"和"非依赖型"上网者的不同，并不仅仅指网民们每周上网的时间，更主要的是在网上利用时间的方式。在依赖型上网者中，35%的时间用于聊天室，28%的时间用于多用户互动游戏；而在非依赖型上网者中，55%的时间用于接发电子邮件和浏览网页，24%的时间用于查阅网上图书馆、下载软件等其他活动上。

二、大学生的网络心理素质培养

1. 建立正确的认知，正确面对网络

网络是人们传递、接受信息的一个工具。每一个大学生应该珍惜并慎重使用网络，理性规范自己的行为，以良好的心态面对网络。大学生应认清网络社会并非真实的社会，网上暂时的成功并非真实的成功，虚拟情感的宣泄与满足也并非能得到真正的快乐。迷恋上网而不能自拔的"网虫"，随着上网时间的延长，将对其身心造成一定的伤害。大学生应正确认识网络的功能，网络不是万能的，但也不能因为网络可能带来人的自我迷失、人与人之间的相互欺骗、社会秩序紊乱等而否定网络的作用。只有对网络树立正确的认知，才有可能正确地面对网络，合理地使用网络资源，准确把握自我，认清自己的真实需要，处理好现实社会与虚拟社会的关系，避免网络心理问题的产生。

2. 合理调节情绪，使用网络有度

网络的平等、开放、互动，给大学生带来了全新的感受和体验，但在享受网络带来愉悦的同时也承受网络带来的烦恼。这就要求大学生上网应有节制，要主动把握好上网的"度"。个别大学生由于没有节制能力，表现在其行为受情绪影响较大，不能调整好自己的心态。往往迷失在网络的虚拟世界中不能自拔，身心受到极大的摧残，严重贻误学业，甚至走上犯罪的道路。只有做到上网有节制，才能建立有效的自我保护机制，更好地适应现代社会发展的需要。

3. 规范上网行为，科学使用网络

网络作为大学生获取知识，学习进步，全面成才必须掌握的重要工具，正逐渐成为现代大学生生存和发展的重要组成部分。网络一方面可给大学生提供学习和交流环境；另一方面也带来丰富多彩、良莠不齐的信息。网络不仅会改变人，甚至会改造人，故大学生上网应排除一切不利于大学生健康发展的因素，以获取有益、健康的知识和信息。大学生自身要科学地、正确地、全面地利用网络优势，反思自己的行为，学会科学使用网络，让网络成为自己学习成长的工具，只有这样，才能使上网有利于自己的健康成长。同时，社会、学校要共同优化网络环境，为大学生提供一个良好的网络心理健康发展平台。有关部门也可以成立大学生网络援助中心，为上网受害者提供必要的法律和心理援助等，防止网络不良行为的产生。这样，网络的使用才会真正做到利大于弊，促使大学生心理健康成长。

知识链接

超越自卑的 10 项发展任务

美国心理学家赫威斯特系统研究了人格发展系统，列举了 10 项发展任务，对于大学生而言，可以视为自我心理成熟的标准，也可以作为教育与行为的目标。

1. 在生活中与同龄人建立起和谐的人际关系，这种关系应包括同性、异性朋友。

2. 在各种情境中，其行为能够扮演适当的性别及社会角色。

3. 接纳自己内外在的优缺点，既不过分炫耀优点，也不过分掩饰缺点，发挥最大潜能。

4. 情绪表达渐趋成熟独立，逐渐不再依赖父母或其他成人的过度保护。

5. 根据自身的特点，主动、积极地发展自尊意识，增强自信心。

6. 能够选择适合自己能力和兴趣的职业，而且奋发努力，为取得该种职业而准备。

7. 认真思考恋爱和婚姻问题，使自己更具有责任意识和理解他人的能力。

8. 在知识、观念等方面，都能达到社会的基本评价标准。

9. 乐于参加社会活动，并在其中努力提高人际交往的能力。

10. 在个人的行为导向上，能建立起基本的道德和伦理观念。

本章小结

★ 科技，改变世界；网络，改变生活。

★ 网络，你上与不上，它就在那儿；用好了网络，它有如天堂；滥用了网络，它就是地狱。

★ 新的时代离不开网络，我们要达到"能上能下，上下自如"的境界。

★ 科学使用网络，是个体自制的表现，也是个体人格完善的表现。

思考题

1. 怎样正确地认识网络？

2. 大学生的网络心理有哪些特点？

3. 大学生应该怎样培养自己的网络心理素质？

【团体心理辅导】

一、活动的主题与目的

活动主题：一个也不能少。

活动目的：提高对人际交往的兴趣和重要性的认识，加强对人际交往中自我的认识、情感、行为的察觉能力，观察学习增进人际交往的方法与技巧。

二、活动的理论依据

社会知觉也称人际知觉，包括四个方面：一是对他人表情的认识；二是对他人性格的认知；三是对人与人之间关系的认知；四是对行为原因的认知。社会知觉的特点具有复杂性和主观性，易出现偏差。例如，第一印象并非总是正确的，但却总是鲜明、最牢固的，并且决定着以后双方交往的过程。最常见的还有晕轮效应，也称光环效应，是指对他人知觉的一种偏差倾向。当一个人对另一个人的某些主要品质有了良好的印象之后，就会认为这个人的一切都好；反之，如果一个人认定另一个人的某些主要品质是坏的，那么他就会被消极的光环所笼罩。影响社会认知的心理因素有兴趣与动机、需要与价值、过去的经验、性格、情绪情感和交往的期待等。

三、活动的内容与方法

本活动从三方面对参与者在人际交往中的自我察觉能力进行训练。其一，相识——彼此认识；其二，相知——彼此接纳；其三，相伴——彼此沟通。

第一个环节：相识——彼此认识

记住别人的名字就是了解他人的开始，记住他人的兴趣爱好就是重视别人的表示，也是让他人了解和重视自己的最简捷有效的方法。

活动步骤如下。

(1)用废报纸卷成一个纸棒，待用。

(2)将全班学生分成若干小组，每组10～15人。先用10分钟时间让小组成员互相认识，互相询问兴趣爱好。

(3)小组成员围成圆圈站立，从任何一个人开始持棒站在圆圈中间，和他面对的同学要叫出任意一个组员的名字，并讲出其兴趣爱好；持棒者立即转向并走到被叫同学的面前，这个同学也要立即叫出另一个组员的名字，并讲出其兴趣爱好。以此类推，直至每一个组员都有机会表现为止。凡是不能叫出组员名字，或是张冠李戴叫错姓名，或是不能讲述其兴趣爱好者，持棒者要用纸棒打其肩部三次，以示惩罚。

第二个环节：相知——彼此接纳

善于发现别人的优点并加以由衷的欣赏和赞美，可以有效地促进彼此之间的肯定与接纳。每个人既不是完美无缺，也不是一无是处。学会发现和欣赏别人的优点，在人际交往中就会广受欢迎。这个环节主要是学习发现他人的长处，并感谢他人的发现与赞美。

活动步骤如下。

(1)10～15人为一小组，大家围坐成圈。

(2)依序请一个组员在圈的中央或坐或站，让其发表1分钟的讲话，其他人轮流说出他的优点及值得欣赏之处(如性格、相貌、言谈举止等)。指定一个组员将大家的赞美写在事先准备好的纸张上或本子上，并签上小组每个成员的名字。

(3)请被大家评价和称赞的组员说出哪些优点是自己以前觉察的，哪些优点是自己未曾知晓的；哪些优点是容易认同的，哪些优点还需要进一步确认；尤其是对那些被许多组员赞美的优点要加以确认；将被别人赞美时的感受与大家分享。

(4)每个组员都要轮流到圈中央去被戴一次"高帽"。其他组员必须态度真诚地发现他人的长处，不能毫无根据地胡乱吹捧，因为这样往往会伤害他人。被称赞者要注意体验自己被称赞时内心的感受，并由己及人，去体会他人的感受。另外，所有组员要注意如何用心地发现他人的优点，怎样欣赏他人。

本环节还可以做一下自我暴露与自我接纳等训练活动。

（5）请组员分别向大家介绍自己在人际交往中失败、受挫的故事和体验，再请全体组员用掌声加以鼓励，并给予积极的反馈。

第三环节：相伴——彼此沟通

相互信任是人际交往的必要条件。信任他人就是信任自己，这样才能做到真诚交流和彼此支持，才能走得更远。

活动一的步骤如下。

（1）事先在室内或室外安全的地方设计好一条盲行路线，最好有适当的曲折和障碍，准备若干条可以蒙住眼睛的毛巾或眼罩。

（2）两人一组，一个组员用毛巾或眼罩蒙住眼睛当盲人，一个组员做引路者。

（3）活动开始时，先蒙住充当盲人的组员的眼睛，并让他在原地转圈直至失去方向感，然后引路者带领他缓慢地沿既定路线行走，直至返回原地。行进过程中，引路者只能用言语提示，不允许用手牵"盲者"或者其他肢体接触。任务完成后，双方角色互换。

（4）活动结束后分组交流充当盲人的感觉以及帮助别人的感觉，可以集中在以下几个问题上进行经验分享：当你什么也看不见后是什么感觉？对将要行走的道路有什么想法？对自己的引路人有什么期待？如果没有引路人，你很可能会摔倒受伤，当你安全返回原地时对引路人有何评价或想法？作为引路人，你是怎样帮助"盲人"的？当别人信任你、依靠你、需要你的帮助时，你有什么想法？

活动二的步骤如下。

（1）每组先派出两个同学，让他们背靠背地坐在地上。要求两人双臂相互交叉，合力使双方一同站立。

（2）如果第一组成功站立，则每次增加一人再站立一次，如果尝试失败，则需要再来一次，直到成功才可再加一人。

（3）到全组人员都参加并能成功站立起来时结束。哪组参与人数最多且用时最少为优胜。

（4）可以围绕下列话题进行讨论：一个人可以轻松站立，为什么人数越多难度越大？如果参加游戏的组员能够保持动作协调一致，这个任务是不是更容易完成，为什么？你们是否想过用一些办法来保证组员之间的动作协调一致？

活动三的步骤如下。

（1）分组，每组4人，各小组成员相互分隔，不能有身体接触；每组准备笔和4张白纸。

（2）由小组第一个组员画一幅图画，完成后口述画的含义给第二个组员听；第二个组员只能听，不能问，接着也画一幅图，然后再叙述给第三个组员听。以此类推。直至第四个组员按照第三个组员的叙述画完图画。

（3）最后，大家一起来比较 4 幅图画的异同，分享自己的感受。可以围绕以下问题进行讨论：如果听者可以提问，在相互交流之后再画出的图画会是怎样的呢？

教师对上述活动进行点评，进一步证明理论教学的内容。

【课后导读】

［1］杨杰，梁晓睿. 数字学习力：网络时代伴学工具使用手册［M］. 北京：电子工业出版社，2012 年 1 月版.

［2］金民卿，王佳菲，梁孝. 矛盾与出路：网络时代的文化价值观［M］. 北京：经济科学出版社，2013 年 1 月版.

［3］赵帅. 网络时代："最好"的时代［M］. 北京：北京工业大学出版社，2014 年 3 月版.

第十章　幸福人生
——体验快乐与拥抱幸福

学习目标

※ 能力目标

- 掌握积极情绪的培养方法
- 掌握快乐与幸福的途径

※ 知识目标

- 了解什么是快乐，什么是幸福
- 建立对积极情绪的正确认识

※ 素质目标

- 积极快乐生活，创造幸福人生

引　言

　　2012 年，中央电视台曾以"你幸福吗"为主题在全国各地街头采访普通百姓，被访者几乎在毫无准备的情况下面对提问，镜头中人们反应各异，这些细节原生态地呈现在新闻中，并在《新闻联播》中播出后成为热门话题，引起了广泛的议论。其中，在 9 月 29 日播出的节目中，山西太原清徐县北营村的一位中年男子面对提问先是推托："我是外地打工的，不要问我。"记者追问："你幸福吗?"中年男子回答："我姓曾。"这段有点"黑色幽默"的问答播出后迅速走红网络。对这个问题的反应表露出被访者毫无准备的状态，和对幸福这个概念的毫无意识。

你幸福吗？如果你遇到这样的提问，你又会如何回答呢？幸福看似很近，又触摸不到；看似很远，却又环绕心中。幸福，也许是你生活的目标，却被现实的迷雾笼罩。有的人只追求眼前的享乐，不关心未来的幸福；有的人历经坎坷，抱怨世态炎凉，从而放弃了寻找幸福；有的人拥有财富、地位和名望，但内心仍然感受不到幸福；还有的人奔波劳碌，把对快乐的期望放在未来，却无法享受当下的幸福。其实幸福就在你我的心中，幸福很简单，既抽象又具体。每一个人都不愿意稀里糊涂过完自己的一生，我们可以通过学习和练习，使自己的生活更快乐，更充实，亲爱的大学生朋友们，来吧，让我们一起去探索、寻找，体验快乐、拥抱幸福，创造我们的幸福人生吧！

小 故 事

苏格拉底的船

一群四处寻找快乐，结果却只遇到烦恼、忧愁和痛苦的年轻人来到苏格拉底面前，请教道："尊敬的智者，请指点我们，快乐究竟在何处？"

苏格拉底捋捋胡子，说："你们先帮我造条船，我再告诉你们快乐的所在。"

年轻人急切地想获得答案，于是立刻挽起袖子，拿起造船的工具。他们用了两天的时间，齐心协力锯倒一棵大树，又用七十天时间将树心挖空，造出一条独木船。

他们将船推到河里，请苏格拉底上船。他们齐声歌唱，合力划桨，对自己的劳动成果十分满意。

苏格拉底突然问："孩子们，你们快乐吗？"

"快乐！"所有的年轻人不假思索，异口同声地回答。

分析：人生，只有创造最快乐。是的，创造就是用智慧和劳动制造出对人类有用的东西，创造不仅表现人类的智慧，而且使我们生活得既充实、又有价值，这能不使我们感到快乐吗？快乐就是这样，当你专心做一件事，看到成果后，快乐就会接踵而至！

　　爱和善就是真实和幸福，而且是世界上真实存在和唯一可能的幸福。

——列夫·托尔斯泰

第一节　快乐与幸福

一、什么是快乐

　　有一首歌里面唱到"你快乐吗？我很快乐……快乐其实也没有什么道理，告诉你，快乐就是这么容易的东西，don't worry，be happy"，听过这首歌的人会被歌曲的曲调感染，自觉快乐起来，里面也写到了实现快乐最简单的方式便是"don't worry"。快乐是人们经常挂在嘴边的一个词，快乐代表着人们内心的一种情绪情感，它的近义词有高兴、兴奋、愉悦、欢喜、愉快、开心、喜悦、欢乐、欢快。反义词则有伤心、痛苦、悲伤、生气、厌烦、难过、难受。当你收到心爱人的电话、礼物的时候，当你的成绩获得肯定的时候，当你站在领奖台上的时候，甚至当你看一场电影，吃一个冰激凌的时候，都会感受到感官上的满足，或者是心理上的满足，这种满足给你带来的乐趣就是快乐。

　　快乐是人的一种积极的态度和积极认识，它是对"此时此刻"一种正向的心理体验。如果人们一直要等到有"值得"愉悦的思想时才快乐，那么他们可能永远得不到快乐。因为什么是"值得"快乐的，什么是"不值得"快乐的，这是一个复杂的问题，而在盘算、评价的过程中，快乐早已离他而去了。

　　"快乐不是美德的报酬"，斯宾诺沙说："它本身就是一种美德；我们不会因为能抑制欲望而感到快乐，相反的，我们是因为快乐而快乐……"德国哲学家康德则认为："快乐是我们的需求得到了满足。"汉语词典对快乐的解释是"欢乐，指感到高兴或满意。"马克思定义快乐为："快乐是指人之所以为人的真理与自己同在时的心理状态，包括一切真实的事物、人性的道理、在他人的生命甚至动物的生命与自己同在等，是一种心理欲望得到满足时的状态，是一种持续时间较长的对生活的满足和感到生活有巨大乐趣并自然而然地希望持续久远的愉快心情。"快乐与我们的需求及其满足息息相关，我们的需求多少决定了欲望的大小，欲望在哪里决定了我们快乐在哪里，"知足常乐"的人，因欲望少而易获得快乐，欲望多的人即使拥有一切也不快乐，因为这一切都满足不了他的欲望。

我们常说，只要我们努力工作，只要我们取得了成功，我们就会快乐，而更接近事实的说法应该是："我们快乐，我们就可以做得好，我们就可以更成功、健康，可以对别人更加仁慈。"

快乐是人们在感受外部事物时，内心的愉悦、安详、平和、满足、稍带兴奋的心理状态；快乐是当一个人在追求的目标达成时的理想状态和内心喜悦的激情；快乐是一个人对自己美好生活的一次又一次的满足；快乐是一种持续的心理状态。它是抽象的，亦是具体的；它是无形的，亦是有形的。快乐亦与我们的健康相关，可以防止老化。心理学的研究表明，人在快乐的时候，脑内会分泌一种内啡肽(也被称为"脑内吗啡")的物质，能提高身体的免疫力、防止老化，而人在愤怒生气时，则会分泌一种去甲肾上腺素，加速衰老。

快乐我们触摸不到，但它却能够表现在我们的脸上。那就是我们的笑脸，有淡淡的，有羞涩的，有灿烂的，那些都诠释了那时我们是快乐的。快乐其实很简单，只需我们时刻保持一种积极乐观的心态，每天都笑笑，每时都快乐，那么快乐就在我们身边。

二、什么是幸福

我们来到这个世界上，到底追求什么才是最重要的？追求幸福是每个人的梦想，每个人对幸福也有自己的理解，"我们的教育、思考和知识，都不过以怎样能获得我们的本性所不断努力追求的幸福为对象"，鲁迅也曾经说过"唯独革命家，无论他生或死，都能给大家以幸福"。贝多芬则说："我的艺术应当只为贫苦的人造福。啊，多么幸福的时刻啊！当我能接近这地步时，我该多么幸福啊！"不同时代的人对人生幸福的思考各有所异，但人生在世，追求幸福的目标却是相同的。也许你觉得幸福是高涨的情绪、喜悦，你可能还会回想起与某个朋友会心一笑的时刻，回想起某个令人激动人心的时刻也觉得幸福。幸福是一种感受较好时的情绪反应，一种能表现出愉悦与快乐心理状态的主观情绪，也是对快乐的升华，这种升华便使幸福比快乐有了投入和意义。

有的时候，我们误以为自己可以通过一些捷径比如购物、巧克力、药物等获得幸福、愉悦、舒适，但实际上，这些捷径无法带给我们真正的幸福，这些并不是真正的快乐，当你停止购物，当你不吃巧克力的时候，你又会回到起初的情绪状态。所以许多人虽然坐拥亿万家财，但心灵一片空虚；虽然成功，却有成功恐惧。没有意义的寻欢只会带来更大的空虚、更多的虚伪，使你沮丧，甚至直到年老时才意识到自己虚度了一生。这个世界上，没有人愿意稀里糊涂过一辈子，因此，将浅层次的快乐转化为持久的幸福感将会是一件多么富有意义的事，也只有通过发挥自己的优势与美德，通过自己的努力获得幸福，才会有真正的幸福感受。

1998 年，美国著名心理学家塞利格曼开始关注"积极"心理，并在世界上致力于推行"积极心理学运动"，将积极心理学作为一个新的心理学领域正式提出。积极心理学的诞生，使我们在追求幸福的道路上，不再迷信众多的"幸福的五大步骤""成功的三大秘密"等缺乏实质内容、总是让我们无法实现、感到沮丧的自我激励上，开始以心理学客观、科学、严谨的视角，连接科学与我们的日常生活，找到纷繁现象背后的简单实质。积极心理学新近提出的"愿你的人生蓬勃绽放"的愿景令人激动，蓬勃（flourish）一词，是对传统幸福概念的升华，给人带来扑面而来的动感、活力与立体之感。积极心理学认为幸福包括以下五个元素，这五个元素之间的组成方式是"构建"，每个元素都是一种真实的东西，每个元素都能促进幸福，但没有一个可以单独定义幸福。这五个元素分别是积极情绪、投入、意义、成就、良好的人际关系。

1. 积极情绪

积极情绪是我们的感受：愉悦、狂喜、入迷、温暖、舒适等。在积极情绪研究领域，最为著名的即是美国心理学家芭芭拉·弗雷德里克森教授关于积极情绪的"扩展和建构"理论，其将积极情绪的十大重要概念：喜悦、感激、宁静、兴趣、希望、自豪、逗趣、激励、敬佩和爱，熔为一炉，称为积极情绪。积极情绪让我们像"花儿"一样开放，我们看到更多、想到更多、创造更多，我们也会发现我们有能力促进自己的成长，达到最佳的技能水平，使我们能够全身心地欣赏周围的美好，我们能充满希望地看待挫折和失败，给我们从困难中恢复的力量，使我们更加坚韧和坚强。通过减少消极情绪、增加积极情绪，我们一定能按照自己选择的方向来掌握和驾驭我们的生活，收获欣欣向荣的生活。

"把你自己想象成春天里的一朵花，你的花瓣聚拢，紧紧围绕着你的脸。即使你还可以看到外面，也只有一点点光线。你无法欣赏发生在你身边的事情。然而，一旦你感受到阳光的温暖，情况就变了。你开始变得柔软。你的花瓣放松，并开始向外伸展，让你的脸露了出来，并拿掉了厚实的眼罩。你看见的事物越来越多。你的世界相当明确地扩展着。可能性不断增加。"

——芭芭拉·弗雷德里克森
《积极情绪的力量》

2. 投入

投入指的是完全沉浸在一项吸引人的活动

中，时间好像停止，自我意识消失。投入与积极情绪是不同的，甚至是相反的，完全投入在一项活动中的人，他可能什么都没想，什么感觉都没有，但是他享受这个过程，这项活动吸引了他全部的注意力，动用了全部的认知和情感资源，并无暇思考和感觉自身。积极心理学用"心流"概念来表述这种状态。心理学家米哈伊·契克岑特米哈伊将心流(flow)定义为一种将个人精神力完全投注在某种活动上的感觉，心流产生时同时会有高度的兴奋及充实感。使心流发生的活动有以下特征：(1)我们倾向去从事的活动。(2)我们会专注一致的活动。(3)有清楚目标的活动。(4)有立即回馈的活动。(5)我们对这项活动有主控感。(6)在从事活动时我们的忧虑感消失。(7)主观的时间感改变——例如可以从事很长的时间而不感觉时间的消逝。(8)不断优化的障碍，我们对于所从事的活动是力所能及的，且具有一定挑战的，我们可以通过不断地练习来增加完成障碍的能力。

3. 意义

意义通常指的是事物所包含的思想和道理。喜欢玩游戏的人，沉迷于虚拟世界中，能全身心投入，甚至产生"心流"，但是，一旦离开虚拟的游戏世界，便会感觉无聊，会觉得自己在虚度人生。人生不仅仅会追求投入，也会追求人生的意义和目的，有意义的人生，意味着你对自己价值的肯定，你愿意为了心中的追求，奉献你的才华、时间和精力，在这个过程中，你实现了自己人生的意义。任何事物本身都有存在的价值但没有意义的存在，意义只是人对事物一种情感上的寄托和赋予，对意义的评价会受到时空的限制，有时候自己的评价可能与别人的评价并不相同，这是因为意义会随着情感赋予主体的不同而不同，任何一个主体赋予的意义，只表示了该主体对某一事物在情感上的程度。

4. 成就

成就在汉语词典中的解释是事业上的成绩，也可以指某项事业的完成。心理学中，成就动机理论认为人在不同程度上是由三种需要来影响其行为的，包括成就需要、权力需要和亲和需要，如成就需要指的就是希望做得更好、争取成功的需要。把成就作为终极追求的人生，表达的是人们对成就、胜利、成功等各种外在名利的渴望和向往，可能这种终极追求并不会带来任何积极情绪、意义，但是人们会向往。追求成就人生的人们，经常会完全投入到他们的工作中，也常如饥似渴地追求快乐，并在胜利时感受到积极情绪，个人希望出色地完成任务，愿意从事具有挑战性的任务。成就需要高的人在工作中有强烈地表现自己能力的愿望，不断地为自己设立更高的标准，努力不懈地追求事业上的进步。

成就导向程度较高的人一般具有以下个人特质：(1)自我愿景。有符合社会和企业利益的理想抱负，愿意为之实现而不懈努力，并能够承受困难与挫折，甚至牺牲眼前利益。(2)内激励。成功体验主要来源于做好工作本身所带来的乐趣，而不依赖于外在的荣誉和报酬。(3)行动性。对工作热情投入，乐于不断采取行动以推动事情进展，对出色完成任务、取得工作成果有强烈的渴望。(4)挑战性目标。不满足于现状，敢于冒险，毫不畏惧地为自己和组织设定挑战性的目标，不断追求超越自我，开发和调动潜能。(5)高标准。对人对事有比较严格的要求，愿意使事情更接近完美，并努力驱动自己和他人为了做得更好而继续努力，还有可能是为了更大的目标而赢。

5. 良好的人际关系

人际关系就是人们在生产或生活活动过程中所建立的一种社会关系。人际关系反映了爱与被爱的能力，每一个人都是社会性动物，不可避免地要与别人打交道，每个个体均有其独特的思想、背景、态度、个性、行为模式及价值观，由此而来，人际关系对每个人的情绪、生活、工作有很大的影响。人与人之间会产生关系，或者是因为相互之间依附的需要，或者是因为为了寻求别人的指导，或者是因为出于对别人的关心，或者是因为与别人建立同盟的关系等，人际关系是人们在活动过程中直接的心理关系，它是人们社会交往的基础，也是人们日常生活、社会活动所不可缺少的。

幸福感研究表明，有朋友的人，他们生活得更幸福些，原因可能是他们所获得的人际关系发生了作用。人际交往是人类社会中不可缺少的组成部分，人的许多需要都是在人际交往中得到满足的。如果人际关系不顺利，就意味着心理需要被剥夺，或满足需要的愿望受挫折，因而会产生孤立无援或被社会抛弃的感觉；反之则会因有良好的人际关系而得到心理上的满足。同时，社会支持还可减少或防止心理紧张所造成的心理伤害。在绝大多数场合下，社会支持和高度的自我尊重可以保护一个健康的心理世界。良好的人际关系有助于幸福感的提升。

📖 小 故 事

葡萄牙马德拉岛附近有一座岛，形状像一个巨大的圆柱体，顶部是几亩大的大平台，上面生长着制造马德拉酒的最好的葡萄。这个平台上只有一头大型的动物，就是一头耕地的牛。去山顶的路，只是一条羊肠小道，那么，老牛死后，新牛怎么上山呢？原来是由一个工人背着一头小牛爬上去，然后它要在那里孤零零地耕40年的田。

讨论：看完这个故事你有什么感想？

心理词典

一个人想要达到蓬勃人生，就必须有足够的 PERMA。这 5 个字母分别代表幸福人生的 5 个元素。

P＝积极情绪(positive emotion)

E＝投入(engagement)

R＝人际关系(relationships)

M＝意义和目的(meaning and purpose)

A＝成就(accomplishment)

第二节 影响快乐与幸福的因素

一、影响快乐的因素

快乐是一种感受良好时的情绪反应，一种能表现出愉悦与幸福心理状态的情绪。而且常见的成因包括感到健康、安全、爱情降临等。快乐最常见的表达方式就是笑。通常我们认为要获得快乐，需要工作和爱。

小 故 事

智者带年轻人去一个房间，见许多人围着一只正在煮食的大锅坐着，他们又饿又失望。每个人都有一只汤匙，但是汤匙柄太长，所以没法把食物送到自己嘴里。然后，智者又带年轻人去另一房间，也有一大群人围着一只正在煮食的锅坐着，不同的是，这里的人看起来既饱足又快乐，而他们的汤匙跟上一个房间里那群人的一样长。年轻人奇怪地问智者："为什么同样的境况，这个房间的人快乐不已，而那个房间的人愁眉苦脸呢?"智者微笑道："难道你没有看到，这个房间里的人都学会了喂对方呢?"

二、影响幸福的因素

幸福就是心理欲望得到满足的过程。是一种持续时间较长的对生活的满足和感到生活有巨大乐趣并自然而然地希望持续久远的愉快心情。

1. 塞利格曼幸福公式

用数量化的工具对幸福来加以测量和说明，塞利格曼提出了一个幸福的公式：

H＝S＋C＋V。H 是你的幸福的持久度；S 是你的幸福的范围；C 是你的生活环境；V 是你自己可以控制的因素。

H 是幸福的持久度，暂时的幸福很容易通过巧克力、喜剧片、背部按摩、奉承话、一束鲜花、一件新衬衫而获得。但是，一旦失去这些东西，我们又会回到之前不幸福的状态，因此，我们并不是要增加暂时的幸福，而是如何提升幸福的持久度，这是无法通过增加暂时幸福来获得的。

S 是幸福的范围，有研究认为我们每个人都有一个积极或消极的情绪范围，这个范围是决定我们整体幸福程度的先天成分。

C 是生活环境，经济因素、社会因素、人口因素、文化因素、心理因素、政治因素等都会影响我们对幸福的感觉。经济因素如就业状况、收入水平等；社会因素如教育程度、婚姻质量等；人口因素如性别、年龄等；文化因素如价值观念、传统习惯、宗教信仰等；心理因素如民族性格、自尊程度、生活态度、个性特征、成就动机等；政治因素如民主权利、参与机会等。

V 是可以控制的因素，包括过去的就让它过去，未来可能不完全是你想象的那样，抓住现在的幸福。

2. 幸福指数

幸福指数最早是由美国经济学家萨缪尔森提出的。他认为，幸福＝效用/欲望。也就是说，幸福与效用成正比、与欲望成反比。欲望越大，越不容易幸福；欲望的满足程度越高，越容易幸福。影响效用的因素包括物质财富、健康长寿、环境改善、社会公正、人的自尊五大类。

3. 罗斯威尔幸福公式

英国心理学家罗斯威尔等通过长时间的研究后认为，真正的幸福可以用一个公式来表示，即幸福＝P＋5E＋3H。其中，P 代表个人性格，包括个性、应变能力、适应能力、人生观、世界观、忍耐力等；E 代表生存需求，包括健康、交友状况、财富等；H 代表高级心理需求，包括自尊、自我期许、雄心、幽默感等。

第三节　快乐与幸福的途径

一、接受自己，悦纳自己

承认和接纳不完美的自己，是一件非常重要的事情。接纳自己是指个体对自身以及自身所具特征所持的一种积极的态度，即能欣然接受自己现实中的状况，承认自己的能力和优、缺点。接纳自我有助于自我扬长避短，不因自身优点而骄傲，不因自己的缺点而自卑。

1. 接受自己不能改变的

有一首歌曾唱到"改变自己，改变未来"，的确，我们都想改变自己，使自己变得更好，进而提升我们周围的人。但是，我们的努力往往只有一部分得到了好的回应，另一部分却没有。比如减肥，比如花时间学习。我们身上有些行为是可以改变的，而另一些行为和特征却难以改变。我们的基因和神经系统的进化使我们倾向于以某种固定的方式去改变，而其他的方式则无异于缘木求鱼。你可能会问自己"我为什么不能像男孩子一样无拘无束？""我为什么不能再长高一点？""为什么我没有出生在有钱人的家庭？""为什么我不如别人那样聪明？"对于这些自己无法改变、无法补救的缺陷，与其抱怨不休，还不如坦然接纳。内心的阴影决定了我们的本质，决定了我们究竟是谁，只有承认和接受不完美但是完整的自我，我们才拥有选择的自由。

2. 改变自己能改变的

分清了什么是可以改变的和什么是我们必须要接受的，就是真正改变的开始。利用我们宝贵的时间去改变那些可以改变的、值得我们去改变的东西，我们的生活就会少一些自责，多一些自信。这样，我们对于"我们是谁和我们在做什么"就会有个全新的认识。电影《雨果》里面有一句台词"世界就是一部大的机器，而每个人就是这部机器上的一个零件，你既然存在于这个世界，那么你就是必不可少的"。曾经有亿万人生活在这个地球上，但从来未曾有过第二个你，你就是世界上独一无二的，你的价值也是独一无二的。你有足够的理由尊重自己、相信自己，即使遭受挫折、历经坎坷，也不能否认自己的价值。对于那些可以改变的行为，我们应该鼓足勇气，用积极的态度去改变它们。

放慢你的脚步，细细品味生活中的美好，无论是一个微笑，一次触摸或一次拥抱。

——芭芭拉·弗雷德里克森
《积极情绪的力量》

二、增加积极情绪

1. 多想想好事

现代社会节奏太快，要求人们多思考，而少感受，做许多事情之前会问的问题是"这个事情做了对我有什么好处？"脑子里琢磨的是"我要怎样才能和别人处理好人际关系"这一类与自身利益切实相关的问题。我们太过注意生活中的坏事，对于好事却关注不多。当然，有些时候我们需要将关注点放在问题上，进行分析，以找出解决的对策，从中吸取教训，并避免将来重蹈覆辙。然而，对坏事的过度关注会加剧我们的焦虑和抑郁。避免这种情况的一个办法，就是更多地去关注并去品味那些生活中的好事。

🎯 心理训练

在下个星期的每一个晚上，都请你在睡觉之前花 10 分钟写下今天的三件好事，以及它们发生的原因。你可以用日记本或电脑来写下这些事件，重要的是，你要有这些记录。这三件事不一定要惊天动地（"今天男朋友买了我最喜欢的冰激凌"），也可以是很重要的（"我姐姐刚刚生了一个健康的男孩"）。

在每件好事的下面，都请写清楚"它为什么会发生"。比如，如果你的男朋友买了冰激凌，你就可以说"因为他有时候真的很体贴"，如果你写了"我姐姐刚刚生了一个健康的男孩"，你可以把原因写成"她在怀孕期间的一切措施都很正确"。

写下生活中好事的原因在一开始也许会让你觉得有点儿别扭，但请你一定要坚持一个星期，它就会逐渐变得容易了。一般来说，6 个月后，你会更少抑郁、更幸福，并会喜欢上这个练习。

2. 对别人的话给予积极回应

当你关心的人告诉你他们的好事时，你要认真倾听。改变你的习惯，用积极的、主动的方式来回应他们。请他们与你重温事件，重温的时间越长越好。在这个星期，你每天都要寻找周围人的好事，并在每晚将它们记录在下面的表格中。

别人的事件	我的回应（精确完整的记录）	别人对我的回应

比如，别人跟你说"我演讲拿名次了！"你可以积极主动地回应："太棒了！我太为你骄傲了。我知道这个荣誉对你有多重要！快告诉我当时的情况——你当时是什么反应？我们应该出去庆祝一下！"同时，保持目光接触，表达积极的情绪，比如，真诚的微笑、触摸、大笑。而不应该是"这是个好消息，你获奖是应该的"或者"哦，不错啊"之类的反应。

三、追求人生成就

积极心理学认为成就是可以通过技能和努力来取得的。成就＝技能×努力。巨大的努力可以弥补技能的不足，正如强大的技能可以弥补努力的不足一样，除非有一个是零。对于高技能的人来说，额外的努力会带来更大的回报。在这个公式中，成就并不是简单的递增，而是朝着某一具体固定的目标的前进——成就是技能与努力的乘积。在达到一个目的地的过程中，可能通常有多种路径，有些能快速到达，有些很慢，还有些路径是死路一条，决定走哪条路是我们的"规划"。

对现有技能或知识的掌握和使用能力，计划、精细化、检查错误和创造等，对成就的高低具有举足轻重的意义。学习新知识，在单位时间内累积知识的能力等，也会影响技能的发挥和提高。努力主要指的是花费在事情上的时间，如果要获得更多的成就，真正可以控制和改变的是付出更多的努力，花在任务上的时间对技能的发挥具有乘数效应，同时，愿意花费的时间还取决于自身的自律意识以及毅力。

四、拉近幸福的六种美德

通过研究各国的文化经典，积极心理学家们总结出六种具有普适性的美德，对人的幸福起着重要作用，它们分别是智慧与知识、勇气、仁爱、正义、节制以及精神卓越。勇敢、创造性、公平及仁慈等即使没有很好的基础也可以构建出来，只要有足够的练习、持之以恒、良好的教导与全心投入，便会生根发芽、茁壮成长。如果你天生没有很好的乐感或很大的肺活量来支撑长跑，就算拼命练习，所能改进的空间也是非常有限的。但是热爱学习、谨慎小心、谦虚或乐观就不一样了，当你获得了这些优势后，你就真正地拥有它们了。

在建构自己的优势与美德的过程中，意志力起着重要的作用，建构优势与美德并不是学习、训练或制约，而是发现、创造和拥有。

1. 智慧

第一个美德群集是智慧。有六种途径可以展示智慧，从最基本的好奇心到最成熟的洞察力，依序进行。即好奇心、对世界的兴趣；喜爱学习；批判性思维，能客观地、理性地筛选信息，做出的判断利己也利人；创造力；社会智慧，能了解别人的动机和感觉，并且能对它做出很好的回应；洞察力。

2. 勇气

勇气就是人们有敢为人先的精神或气质。敢为人先不是每个人都具有的气质，只有那些有勇气的人，有勇气敢为人先的人才能被称作是勇敢的人。一个勇敢的人，是能够将恐惧情绪与自己的行为分开的人，他会抗拒要逃跑的冲动，不怕危险，不怕困难，有勇气，有胆量，无所畏惧，勇担责任。面对恐惧情境，他不去理会主观和生理反应所带来的不适。一个勇敢的人，他会有毅力、诚实且真诚。

3. 仁爱

仁爱，指的是宽仁慈爱、爱护、同情的感情。仁爱这个词出自于《淮南子·修务训》："尧，立孝慈仁爱，使民如子弟。"具有仁爱之心的人对别人很仁慈、慷慨，别人来找他们帮忙时，他们会尽全力提供帮助。他们喜欢帮别人的忙，即使不太熟的朋友也一样。对谁也不生坏心，对所有的人都会仁爱。凡事先替别人着想，有时甚至会将自己的利益放在一边。爱与被爱的能力也反映了一个人的仁爱之心。

4. 正义

正义，通常指人们按一定道德标准所应当做的事，对政治、法律、道德等领域中的是非、善恶做出的肯定判断。作为道德范畴，与"公正"同义，主要指符合一定社会道德规范的行为。人们的行为是否符合历史发展规律和最大多数人民的根本利益，是判断人们行为是否符合正义的客观标准。柏拉图认为："各尽其职就是正义"，公平与正义是社会制度得以确立的前提条件。

5. 节制

有人说："有些人能够统领军队，却不能管住自己。有些人凭他们的口才可以说服许多人，却在被人激动或误会时，不能保持静默。最高贵的品格就是节制，比君王的冠冕与紫袍更尊贵。"美德指的是能恰当地、适度地表现出你的需求。一个有节制的人并不会压抑自己的需求和欲望，只会等到恰当的时机去满足它，以避免对自己或他人造成伤害。它包括自我控制，谨慎、小心和谦虚。

6. 精神卓越

卓越是一种杰出的、超出一般的精神。2003年评选的20世纪最具影响力的工商书籍中排名第一的书《追求卓越》，通过深入企业调查研究，取得了数百个大小公司的第一手材料。作者发现尽管每个优秀企业个性不同，但拥有许多共同的品质也就是八大基本属性，这八大基本属性是：崇尚行动、贴近顾客、自主创新、以人助产、价值驱动、不离本行、精兵简政、宽严并济。追求卓越将你与更宏大、更永久的东西相连接，将你与别人、与未来、与进化、与神圣或宇宙相连接，具有对美和卓越的欣赏能力，对未来充满希望、乐观，期待未来会更好，并为了实现这些目标而做好计划并努力工作。充满希望、乐观及展望未来的人，他的人生和精神也将更加卓越。

案例分析

蒂姆的故事

蒂姆小时候，是个无忧无虑的孩子。但自打上小学那天起，他忙碌奔波的人生就开始了。父母和老师总告诫他，上学的目的，就是取得好成绩，这样长大后，才能找到好工作。渐渐地，蒂姆接受了大人的价值观。虽然他不喜欢学校，但还是努力学习。成绩好时，父母和老师都夸他，同学们也羡慕他。到高中时，蒂姆已对此深信不疑：牺牲现在，是为了换取未来的幸福；没有痛苦，就不会有收获。大学四年，蒂姆依旧奔忙着，极力为自己的履历表增光添彩。大四那年，蒂姆被一家著名的公司录用了。他又一次兴奋地告诉自己，这回终于可以享受生活了。可他很快就感觉到，这份每周需要工作84小时的高薪工作，充满压力。他又说服自己：没关系，这样干，今后的职位才会更稳固，才能更快地升职。当然，他也有开心的时刻，在加薪、拿到奖金或升职时。但这些满足感，很快就消退了。

经过多年的打拼，蒂姆成了公司合伙人。他曾多么渴望这一天。可是，当这一天真的到来时，他却没觉得多快乐。蒂姆拥有了豪宅、名牌跑车。他存款一辈子都用不完。他被身边的人认定为成功的典型。朋友拿他当偶像，来教自己的小孩。可是蒂姆呢，由于无法在盲目的追求中找到幸福，他干脆把注意力集中在了眼下，用酗酒、吸毒来麻醉自己。他尽可能延长假期，在阳光下的海滩一待就是几个钟头，享受着毫无目的的人生，再也不去担心明天的事。起初，他快活极了，但很快，他又感到了厌倦。

做"忙碌奔波型"并不快乐，做"享乐主义型"也不开心，因为找不到出路，蒂姆决定向命运投降，听天由命。但他的孩子们怎么办呢？他该引导他们过怎样的一种人生呢？蒂姆为此深感痛苦。

讨论

1. 你从这个故事里看到了什么？
2. 你觉得蒂姆应该怎样才能获得幸福呢？

本章小结

★ 快乐是一种主观上安乐的状态，平衡而满足的内在感受。

★ 幸福是一种细小微妙的瞬间感受，也是知足满意自己生活的状态。

★ 幸福不需要不停地追求，有时更需要停下来好好感受，去感悟、领悟。

★ 感受"当下"、感受"此时此刻"的生活，分享你的快乐，享受你的幸福。

【心理自测】

快乐程度自评量表

说明：请仔细阅读下面的 20 个选项，然后根据你最近两个星期以上的实际感觉，选择相应的选项，再将选项对应的分数相加乘 2.5，就是你的总分。

计分标准：无＝0 分，有时＝1 分，经常＝2 分，持续＝3 分。

序号	自我感觉的情况	无	有时	经常	持续
1	我感到情绪沮丧，郁闷				
2	我感到早晨心情最好				
3	我要哭或者想哭				
4	我夜间睡眠不好				
5	我吃饭像平时一样多				
6	我对异性的感觉正常				
7	我感到体重减轻				
8	我为便秘烦恼				
9	我的心跳好像比平时快				
10	我无故感到疲劳				
11	我的头脑跟平常一样清楚				
12	我做事像平时一样不感到困难				
13	我坐卧不安，难以保持平静				
14	我感到未来有希望				
15	我比平时更容易激动				
16	我觉得决定什么事情很容易				
17	我觉得自己是有用的和不可缺少的人				
18	我的生活很有意义				
19	没有我别人会活得更好				
20	我仍旧喜爱自己平时喜爱的东西				
总分	（　）(以上各题得分之和)×2.5＝(　)				

分析：50 分是一个临界点，50 分以上者都处于"亚快乐"状态，分数越高越严重；50 分以下者基本处于健康状态，分数越低越快乐。

牛津幸福感问卷(修订版)

以下是一些关于个人幸福感的陈述。每题有四个句子，请选择一个与你过去一周（包括今天）的感受相符的一种描述。

1. A. 我觉得不幸福　　　　B. 我觉得还算幸福
   C. 我觉得很幸福　　　　D. 我觉得非常非常幸福
2. A. 我对将来不是很乐观　B. 我对将来觉得乐观
   C. 我觉得我很有希望　　D. 我觉得将来充满希望，前景光明
3. A. 我对我生活中的任何事情都不满意

B. 我对我生活中的有些事情感到满意

C. 我对我生活中的很多事情感到满意

D. 我对我生活中的每件事情感到满意

4. A. 我觉得我一点儿也不能主宰我的生活

B. 我觉得我至少能部分主宰我的生活

C. 我觉得我在大多数时候能主宰我的生活

D. 我觉得我完全能主宰我的生活

5. A. 我觉得生活毫无意义　　　　　　B. 我觉得生活有意义

C. 我觉得生活很有意义　　　　　　D. 我觉得生活意义非凡

6. A. 我不太喜欢自己　　　　　　　　B. 我喜欢我自己

C. 我很喜欢我自己　　　　　　　　D. 我对自己的样子满怀欣喜

7. A. 我无法改变任何事情　　　　　　B. 我有时能够很好地改变一些事情

C. 我通常能够很好地改变一些事情　D. 我总是能够很好地改变一些事情

8. A. 我觉得生活就是得过且过　　　　B. 生活是美好的

C. 生活很美好　　　　　　　　　　D. 我热爱生活

9. A. 我对别人不太感兴趣　　　　　　B. 我对别人比较感兴趣

C. 我对别人很感兴趣　　　　　　　D. 我非常热衷于别人的事情

10. A. 我发现做决定很难　　　　　　　B. 我发现做某些决定比较容易

C. 我发现做大多数决定都很容易　　D. 做所有的决定对我而言都很容易

11. A. 我发现要着手做一件事情很难　　B. 我发现要着手做一件事情比较容易

C. 我发现要着手做一件事情很容易　D. 我觉得我能够做任何事情

12. A. 和别人在一起我觉得不开心　　　B. 和别人在一起我有时候会觉得开心

C. 和别人在一起我常常觉得开心　　D. 和别人在一起我总是会开心

13. A. 我一点也不觉得自己精力充沛　　B. 我觉得自己精力比较充沛

C. 我觉得自己精力很充沛　　　　　D. 我觉得自己有使不完的劲

14. A. 我认为所有的事情都不美好　　　B. 我发现有些事情是美好的

C. 我发现大多数事情是美好的　　　D. 整个世界对我而言都是美好的

15. A. 我觉得我自己的思维不敏捷　　　B. 我觉得我自己的思维比较敏捷

C. 我觉得自己的思维很敏捷　　　　D. 我觉得自己的思维异常敏捷

16. A. 我觉得自己不健康　　　　　　　B. 我觉得自己比较健康

C. 我觉得自己很健康　　　　　　　D. 我觉得自己异常健康

17. A. 我对别人缺乏温情　　　　　　　B. 我对别人有些温情

C. 我对别人充满温情　　　　　　　D. 我爱所有的人

18. A. 我的过去没有留下幸福的记忆　　B. 我的过去有些幸福的记忆

C. 过去所发生的大多数事似乎都幸福 D. 我所有的过去都非常幸福

19. A. 我从来都没有高兴过　　　　　B. 我有时会高兴
　　C. 我经常都很高兴　　　　　　　D. 我总是处于高兴状态中

20. A. 我所做的都不是我想要做的　　　B. 我有时候会高兴
　　C. 我经常都很高兴　　　　　　　D. 我总是处于高兴的状态中

21. A. 我不能很好地安排我的时间
　　B. 我能较好地安排我的时间
　　C. 我能很好地安排我的时间
　　D. 我能把我想做的事情都安排得非常妥当

22. A. 我不和别人一起玩　　　　　　B. 我有时候和别人一起玩
　　C. 我经常和别人一起玩　　　　　D. 我总是和别人一起玩

23. A. 我不会使别人高兴　　　　　　B. 我有时候会使别人高兴
　　C. 我经常会使别人高兴　　　　　D. 我总会使别人高兴

24. A. 我的生活没有什么意义和目的　　B. 我的生活没有意义和目的
　　C. 我的生活很有意义和目的　　　D. 我的生活充满了意义，而且目的明确

25. A. 我没有尽职尽责和全身心投入　　B. 我有时候会尽职尽责并全身心投入
　　C. 我经常会尽职尽责并全身心投入　D. 我总是尽职尽责并全身心投入

26. A. 我很少笑　　　　　　　　　　B. 我比较爱笑
　　C. 我经常笑　　　　　　　　　　D. 我总是在笑

27. A. 我觉得世界不美好　　　　　　B. 我觉得世界比较美好
　　C. 我觉得世界很美好　　　　　　D. 我觉得世界美好极了

28. A. 我认为我的外表丑陋　　　　　B. 我认为我的外表还过得去
　　C. 我认为我的外表有吸引力　　　D. 我认为我的外表非常有吸引力

29. A. 我发现所有的事情都索然无味　　B. 我发现有些事情有趣
　　C. 我发现大多数事情都有趣　　　D. 我发现所有的事情非常有趣

　　计分方法说明：选 A 得 0 分，选 B 得 1 分，选 C 得 2 分，选 D 得 3 分。最后将各题得分相加即为幸福感的总分。（从过去施测情况来看，大多数人的分数在 40～42 分之间）分数越高主观幸福感越强。

【课后导读】

[1] 林清玄. 心美，一切皆美[M]. 北京：国际文化出版公司，2012 年 1 月版.

[2] 素黑. 好好修养爱[M]. 北京：中信出版社，2012 年 4 月版.

[3] 肖永春. 幸福心理学[M]. 上海：复旦大学出版社，2008 年 8 月出版.

[4] 黎丹正. 幸福是一种心态[M]. 北京：中央编译出版社，2011 年 3 月版.

参考文献

[1]梁瑞琼，邱鸿钟．大学生心理健康教育与训练[M]．北京：教育科学出版社，2010年1月版．

[2]吴勇．大学生心理健康教育[M]．北京：北京师范大学出版社，2013年8月版．

[3]聂振伟．高职心理健康教育[M]．北京：北京师范大学出版社，2009年8月版．

[4]谭德礼等．新编大学生心理健康教育[M]．北京：教育科学出版社，2013年8月版．

[5]孙勇．大学生心理健康[M]．北京：北京师范大学出版社，2011年8月版．

[6]郭桂萍，曹洁．大学生心理健康教育[M]．北京：北京师范大学出版社，2012年2月版．

[7][美]乔纳森·布朗著，陈浩莺译．自我[M]．北京：人民邮电出版社，2004年1月版．

[8]李百珍，李焕稳，张彦彦．自我意识的培养[M]．北京：科学普及出版社，2013年1月版．

[9]张渝成，潘绿萍，刘雪梅．大学生心理健康与成长[M]．重庆：重庆出版社，2007年7月版．

[10]王文鹏，王冰蔚．高校学生心理健康教育与指导[M]．北京：清华大学出版社，2011年11月版．

[11]赵平，夏玲．大学生心理健康问题与策略研究[M]．合肥：中国科学技术大学出版社，2012年8月版．

[12]胡剑峰，钟志宏，李金萍．大学生心理健康教程[M]．武汉：武汉大学出版社，2008年2月版．

[13]徐学俊．人格心理学[M]．武汉：华中科技大学出版社，2012年8月版．

[14]叶奕乾．现代人格心理学[M]．上海：上海教育出版社，2011年1月版．

[15]聂振伟．心灵的距离：人际关系解码[M]．北京：高等教育出版社，2008年5月版．

[16]胡正明．新编大学生心理健康训练教程[M]．北京：北京师范大学出版社，

2011 年 9 月版.

[17]王小屋. 善意地理解人际关系多元化[J]. 心理月刊，2013 年 11 月号.

[18]季辉. 大学生恋爱与婚姻[M]. 天津：天津大学出版社，2012 年 1 月版.

[19]罗峥，杨怡. 爱情心理学[M]. 北京：开明出版社，2012 年 10 月 1 版.

[20]新编大学生心理健康教程编委会. 新编大学生心理健康教程[M]. 北京：高等教育出版社，2012 年版.

[21]彭小虎，曹建平. 大学生心理健康教育教程[M]. 长沙：湖南教育出版社，2006 年 2 月版.

[22]何景洋. 大学生心理健康教育[M]. 哈尔滨：哈尔滨工程大学出版社，2008 年 2 月版.

[23]周家华，王金凤. 大学生心理健康教育[M]. 北京：清华大学出版社，2010 年 9 月版.

[24]蔡喆，莫雷. 学生压力应对状况的研究[J]. 江苏高教，2009 年 4 月版.

[25]赵波，陆晓花. 学生压力应对与管理策略研究[J]. 中国青年研究，2010 年 7 月版.

[26]杨瑾. 大学生情绪管理与压力应对策略[J]. 社科纵横. 2011 年 7 月号.

[27]韦慧. 大学生的心理韧性及其培养策略探析[J]. 中国成人教育. 2010 年第 16 期.

[28]段鑫星，程婧. 大学生心理危机干预[M]. 北京：科学出版社，2006 年 1 月版.

[29]许燕. 救援生命，重建希望——大学生自杀的鉴别与预防[M]. 北京：北京航空航天大学出版社，2007 年 3 月版.

[30]中山大学心理健康教育咨询中心. 心灵的成长——关爱心灵的礼物[M]. 广州：中山大学出版社，2008 年 10 月版.

[31]王亚杰. 大学生自我和谐与生命意义的相关研究[D]. 天津大学，2010 年 6 月.

[32]刘秀燕. 人的生命价值的哲学思考[D]. 山东师范大学，2008 年 4 月.

[33]崔丽娜. 大学生心理危机及干预机制研究[D]. 西南大学，2009 年 6 月.

[34]孔晓东. 大学生心理危机及其干预策略的调查[D]. 华中师范大学，2007 年 12 月.

[35]张姝玥，许燕，杨浩铿. 生命意义的内涵、测量及功能[J]. 心理科学进展，2010 年第 18 期.

[36]马慧玲. 在校硕士生生命意义研究[D]. 南京师范大学，2008 年 4 月.

[37]刘启刚. 积极心理学视野下大学生心理危机干预的构想[J]. 青年心理，2006年第5期.

[38]杨微梅，黎琳. 大学生心理危机干预体系建构探析[J]，高教论坛，2010年第1期.

[39]郑晓江. 生命与死亡——中国生死智慧[M]. 北京：北京大学出版社，2011年2月版.

[40]胡正明. 新编大学生心理健康训练教程[M]. 北京：北京师范大学出版社，2011年9月版.

[41]应力，岳晓东. E海逃生——网络成瘾及其克除[M]. 北京：高等教育出版社，2008年5月版.

[42]网络娱乐过度，逃避现实社交——大学生网络孤独症患者急需"救助"，上海科技报[N]. 2013年9月4日. 大学科技版，http：//www. duob. cn/FileUploads/pdf/130904/kj09044. pdf.

[43][美]塞利格曼著，洪兰译. 真实的幸福[M]北京：万卷出版公司，2010年7月版.

[44][美]塞利格曼著，任俊译. 认识自己，接纳自己[M]. 北京：万卷出版公司，2010年9月版.

[45][美]塞利格曼著，洪兰译. 活出最乐观的自己[M]. 北京：万卷出版公司，2010年7月版.

[46][美]塞利格曼著，赵昱鲲译. 持续的幸福[M]. 杭州：浙江人民出版社，2012年11月版.

[47][美]弗雷德里克森著，王珺译. 积极情绪的力量[M]. 北京：中国人民大学出版社，2010年12月版.

[48]徐光兵，周怡. 幸福指数的提升与和谐社会的构建[J]. 南昌大学学报(人文社会科学版)，2006年第6期.

[49]漆莉莉，吴卫青. 江西高校教师幸福指数的测度与分析[J]. 江西财经大学学报，2009年第5期.

[50]李卫平. 2008北京奥运会与北京市民幸福指数关系的研究[J]. 北京体育大学学报，2007年第2期.

[51]李江雪. 大学生情绪管理与辅导[M]. 北京：北京师范大学出版社，2010年9月第1版.